不锈钢复合板的制备、性能及应用

姜庆伟　著

北　京
冶　金　工　业　出　版　社
2019

内 容 简 介

本书共7章，内容主要包括层状金属复合材料的研究现状、不锈钢复合板的制备工艺、不锈钢复合板卷的性能、不锈钢复合板卷的应用。

本书适于层状金属复合材料相关的科研人员、生产、销售、应用等技术人员阅读，也可供高等院校有关师生参考。

图书在版编目(CIP)数据

不锈钢复合板的制备、性能及应用/姜庆伟著．—北京：冶金工业出版社，2019.5

ISBN 978-7-5024-8091-2

Ⅰ.①不…　Ⅱ.①姜…　Ⅲ.①不锈钢—复合板—研究　Ⅳ.①TB334

中国版本图书馆CIP数据核字（2019）第064695号

出版人　谭学余
地　　址　北京市东城区嵩祝院北巷39号　邮编　100009　电话　(010)64027926
网　　址　www.cnmip.com.cn　电子信箱　yjcbs@cnmip.com.cn
责任编辑　卢　敏　美术编辑　吕欣童　版式设计　孙跃红
责任校对　石　静　责任印制　李玉山
ISBN 978-7-5024-8091-2
冶金工业出版社出版发行；各地新华书店经销；三河市双峰印刷装订有限公司印刷
2019年5月第1版，2019年5月第1次印刷
169mm×239mm　10.5印张；206千字；160页
68.00元

冶金工业出版社　投稿电话　(010)64027932　投稿信箱　tougao@cnmip.com.cn
冶金工业出版社营销中心　电话　(010)64044283　传真　(010)64027893
冶金工业出版社天猫旗舰店　yjgycbs.tmall.com

（本书如有印装质量问题，本社营销中心负责退换）

前　言

1860年，美国最早开始研究金属复合板，而复合板的工业性生产始于20世纪30年代。当时美国为了降低成本、提高强度，开始了镍复合钢板的生产，其后不断进行了旨在提高结合性能的制造技术开发。20世纪30年代，苏联也对铝、锡、钢等金属与合金的复合材料进行了初步研究，所采用的生产工艺主要有轧制法、铸造法、爆炸法、扩散焊接法等。其中对冷轧复合法的工艺及力学性能研究较为深入，试生产了以08F钢为基体以18-8型不锈钢为覆层的三层耐蚀复合板。20世纪五六十年代，英国伯明翰大学等单位对固相复合进行了较为系统的研究，取得了很大成就。日本在复合材料方面的研究虽起步较晚，但进步迅速，近年来成为从事金属复合材料研究最多的国家之一。

我国的复合板研制始于20世纪60年代初，采用的方法有爆炸焊接、爆炸焊接+轧制、热轧、冷轧等。

目前在国家新材料产业"扩大内需，促进新兴产业发展"等政策支持下，我国新材料产业市场的年增长速度保持在20%以上。不锈钢复合板是以碳钢与不锈钢经过特殊工艺结合而成的一种新型的复合材料，该产品的开发能大量节约Cr、Ni等贵重金属。不锈钢复合板（卷）与不锈钢板相比，可节约铬、镍合金元素70%~80%，对于铬、镍资源贫乏的中国来说，具有重要意义。其属于国家重点支持的高新技术领域中"低成本、高性能金属复合材料加工成型技术""高性能金属材料及特殊合金材料生产技术"开发的产品。

未来，层状金属复合材料将朝着自动化和智能化发展。对复合过程金属界面的预测以及温度场的应力应变场的计算是层状金属复合技术智能化发展的重要方向，金属复合过程中数学模型的建立和计算机模拟是开发高度知识密集型的层状金属复合技术的关键。计算机数值模拟的迅速发展为层状金属复合技术的数值模拟，提供了技术支持。通过对层状金属复合过程的数值模拟，求解复合过程中阶段温度场应力应变场的分布，通过对大量不同工艺参数的工况进行模拟，进而为优化设计工艺参数提供依据。

近年来，瓯锟科技温州有限公司开发的宽幅冷轧复合技术引领了新的发展方向。该技术具有成材率高、表面质量好的优点。

2014 年年初就开始酝酿写这本书，意在与行业人士一起，努力提升我们国家的层状复合材料的制备技术，稳定并优化复合材的性能，为国家建设服务。整书的构思是编成一本集不锈钢复合板卷制备工艺、性能表征、应用技术于一体的符合产业发展的技术读物。

衷心感谢昆明钢铁控股有限公司为实现不锈钢复合板卷生产制备、销售、技术研发提供的平台。在这个平台上挥洒过激情与梦想，留下了不少难忘的往事。感谢昆钢公司杜顺林高级工程师对本工作的大力支持与指导。感谢张凤珍高级工程师做了大量细致而卓越的工作。由陈铨、邓增勇、张晓峰、史婷婷、李晋虎、尹正培、宁选明、曾俊杰、李小红、董权等为本书做了大量工作，在此一并表示感谢！

本书编写过程中，参考或引用了国内外有关专家、学者的一些珍贵资料、研究成果和文献，并得到冶金工业出版社的大力支持，在此一并表示衷心的感谢！

由于书中内容涉及面广，加之作者水平所限，不妥之处恳请广大读者批评指正，提出宝贵意见。

作　者

2019 年 2 月 21 日

目　录

1 概　　论

1.1 引言

随着科学技术的迅速发展和大量新兴技术、新兴产业的出现，现代工业生产对材料性能的要求越来越高，许多单一材料的性能已经很难满足这些需求，而有些材料能够满足要求，但在经济性方面又不够理想。复合材料的出现很大程度上解决了之前许多单一材料性能不能满足使用的问题，更节约了稀贵材料，降低了成本，从而推动了产品的规模化生产。

复合材料是两种或多种在材质、性能、形态上不同的材料，通过物理、化学或其他适当的方法，在宏观上复合而成具备新性能的材料。其通常是由基体组元与增强相或功能组元组成。基体材料与覆层材料在性能上能够互补，产生一定的协同效应，从而使复合材料获得比较优异的综合性能。

复合材料的发展速度非常快，短短几十年发展至今，复合材料的种类已经非常繁多，包括纤维增强复合材料、金属基复合材料，陶瓷复合材料、颗粒增强复合材料等。

层状金属复合材料是复合材料领域中的重要成员，它是利用复合工艺使两种或多种材质不同、力学性能不同的板状金属；在界面上实现牢固结合而制成的一种新材料。层状金属复合材料既能保持基材、覆材金属特性，还可以弥补各自组元在性能上的不足，组元间材料经过适当的组合方法可以获得优秀的综合性能。层状金属复合材料已经在航空航天、机械加工、能源产业、汽车制造、造船业和建筑业等多个领域得到了应用，并且有着继续推广的趋势。

1.2 层状金属复合材料的制备

层状金属复合材料的生产和制备工艺对层状金属复合材料的性能影响很大，所以在制备生产复合材料时，必须根据性能需求来选择最优和最经济的复合方法。在现代工业生产中，层状金属复合材料的复合方法按复合时基、覆层材料的状态来分主要有三类：（1）固-固相复合技术；（2）液-固相复合技术；（3）液-液相复合技术。

1.2.1 固-固相复合技术

固-固相复合技术可以说是应用最广泛和最成熟的复合方法，现今生产中大部分层状金属复合材料都是使用固-固相复合技术来复合的。其方法主要包括爆炸复合法、爆炸-轧制复合法、轧制复合法、扩散复合法、旋压复合法。在工业生产应用中前三种方法是应用最为广泛的复合技术。

1.2.1.1 爆炸复合法

爆炸复合法是将炸药铺设在于覆板上表面，当炸药被引爆之后，爆炸产生高压脉冲载荷，直接作用于覆板上。在微秒级的时间内，使两块金属板材发生倾斜碰撞，并在碰撞点附近产生超高的应变速率和巨大的压力，从而使该区域附近的金属发生剧烈的塑性变形，并伴随着强烈的热效应，产生非常高的温度。当温度升高到金属材料的熔点之后，使界面附近很薄的一层金属熔化，从而实现异种金属材料之间的焊接复合。因为加载压力和界面高温持续时间极短，阻碍基、覆层金属之间发生化学反应，焊合区厚度通常在几十微米以内，因此该复合方法适用于大部分金属之间的焊接复合。

爆炸复合法通常有平行法和角度法两种方法。小型试验时，两种方法均可。角度法多用于小面积复合和高爆速炸药，平行法适用于大面积复合板的爆炸复合。

爆炸焊接复合法工艺比较简单，对设备的复杂程度要求不高，成本比较低，同时应用范围广泛，适用于性能差异比较大的合金或金属，同时适用于双层、多层和夹层金属复合板。但其也有一定的局限性：比如生产效率不高，不适合大批量生产和自动化生产；不适合生产较薄的板坯，复合板的厚度与质量受限；复合界面呈波浪形，存在碳的迁移，机械强度低，复合表面质量比较差，不容易控制；同时受气候影响较大，噪声污染比较严重，对周围环境影响较大。

1.2.1.2 爆炸-轧制复合法

爆炸-轧制复合法是将需要复合的材料通过爆炸法焊接以后，将材料热轧或冷轧获得复合材料的一种方法。该方法首先使用爆炸复合法将待复合金属板料按一定的厚度配比焊接制成复合板坯，再根据不同的条件和要求，热轧或冷轧成所需厚度规格的复合板。该方法也大量应用于不锈钢复合板的复合。爆炸-轧制技术不仅解决了爆炸复合法不能生产比较薄和表面质量要求高的复合板的问题，也解决了在单一轧制复合时组元材料成分与尺寸受限的不足的问题。

爆炸-轧制复合法可以说综合了爆炸复合技术与轧制复合技术的优点。其优点是：（1）爆炸复合法制坯，保证两层或三层金属板结合区的焊接质量；（2）摒弃了轧制复合法制坯的困难和麻烦；（3）生产效率高，成品率也高；（4）复合板产品尺寸精度高，表面质量好；（5）可生产大面积无焊缝的各类复合板。但另一方面该技术的缺点与爆炸复合法相同，包括：（1）工艺复杂，不易控制，不可连续生产；（2）产生的噪音较大，污染环境，制备场地受到很大限制。

1.2.1.3　轧制复合法

轧制复合法是在当下生产层状复合材料应用最广泛的复合工艺，尤其是不锈钢层状复合材料，大部分都是用轧制复合法进行生产。轧制复合基本原理是：利用轧机的强大压力，在室温或加热条件下，使组元接触表面的氧化层破碎，并两金属在整个截面上发生塑性变形，形成平面状冶金结合。

轧制复合法按照轧制时的温度可以划分为热轧复合与冷轧复合。

热轧复合出现于20世纪40年代，热轧复合法是将待复合的金属坯料加热到一定温度，对其施加比较大的压下量进行轧制变形，在受到热和力的同时作用而使不同金属复合的一种工艺方法。

热轧复合需要先将组元材料进行焊接制成板叠，并且为了防止两组元材料变形抗力的差异引起轧件翘曲，多采用对称式复合，之后在适当的温度与压下率下，实现组元层间的组合。热轧复合对结合界面处的洁净度、隔离剂性能、焊缝的强度和完整性、加热温度、保温时间以及首道次压下量等条件要求很高。热轧复合技术相对较为成熟和完善，已经实现工业化生产，但在真空处理技术、复合变形总量及轧制技术问题等方面，仍有待研究。

冷轧技术最早是美国在20世纪50年代开展研究并获得成功，提出以“表面处理—轧制复合—退火强化”为主要步骤的三步法生产工艺。冷轧复合是在热轧复合基础上发展起来的一种复合加工方法，同热轧复合相比，由于轧制复合温度低，可避免金属材料出现不利于结合的相变、显微组织变化及脆性金属间化合物的形成。冷轧复合材料的厚度比均匀，结合面平坦无浪形，产品性能稳定。冷轧可以实现多种组元的结合，适用于连续生产复合带卷，尺寸精确，效率比较高。因此冷轧复合是当今应用最为广泛的金属层状复合技术之一。但另一方面，冷轧过程中组元材料发生剧烈冷塑性变形，材料内部应力会达到非常高的水平，所以对复合材料的组元材料强度有一定要求。图1-1所示为带材冷轧复合示意图。

1.2.2　液-固相复合技术

液-固相复合技术主要包括：铸造复合法、反向凝固法、喷射沉积法等。

1.2.2.1　铸造复合法

铸造复合法又称液-固相铸轧法，是应用最早的制备层状金属复合材料的一种方法。原理是将较低熔点的液态金属（如铝或铝合金）连续浇铸在高熔点金属（如不锈钢）的板带上，液态金属在半凝固状态下与固态板带同时被送入轧机进行轧制，实现高熔点的固态金属和低熔点液态金属良好的界面冶金结合。该

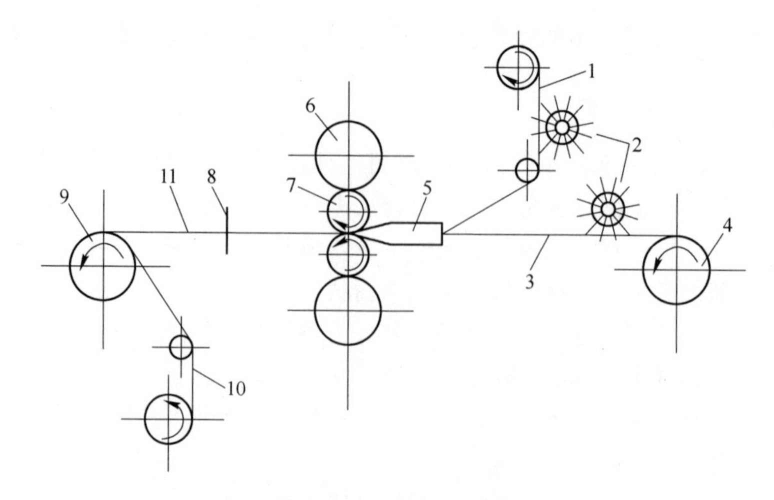

图 1-1　带材冷轧复合示意图

1—贵金属带；2—清洗刷子；3—基地带材；4—前卷筒；5—导板；6—支撑；
7—工作辊；8—测厚传感器；9—后卷筒；10—纸带；11—复合带材

方法的优点是能够提高结合界面强度。如日本川崎钢铁公司开发的 KAP 复合钢板就是采用该种复合方法生产的，该复合钢板具有卓越的强韧性和耐磨性。

1.2.2.2　喷射沉积法

英国 Swansea 大学 A. R. E Singer 教授最早提出了喷射沉积法。其原理是利用高速惰性气体将整块的熔融金属液体液雾化为弥散的液态颗粒，再将其喷射到基板上逐渐凝固形成覆层的复合方法。图 1-2 所示为喷射沉积法示意图。

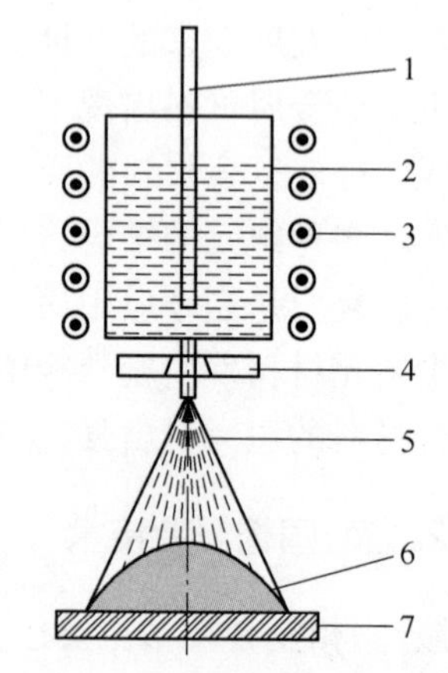

图 1-2　喷射沉积法示意图

1—塞杆；2—合金熔液；3—感应熔炼；
4—气体喷嘴；5—雾化锥；
6—沉积坯；7—沉积载体

喷射沉积法可实现梯度复合以减少合成应力，大幅改善复合材料的使用性能，适用于互补固溶的金属复合，生产成本低，能耗低，环保安全。但是生产的复合板材在与尺寸厚度方面有所限制。

1.2.2.3　反向凝固法

反向凝固法是一种薄带连续铸工艺，由德国曼内斯曼-德马克公司 1989 年开发。其原理是让表面经酸洗、碱洗和活性处理之后的低温基板（母板）自下而上地从反向凝固器内一定高度的金属液中通过，使基板表面附近的金属液迅速降温，在基板表面凝固形成新生相，即新的金属层（复板）。因凝固是自内而外推进的，与传统的凝固方向相反，所以称为反向凝固。

反向凝固法的优点是能够生产复合材料；即生产凝固层钢种与母带钢种不同的特殊要求的带钢，生产的产品界面结合强度比较高，适用于大规模连续化自动化生产，经济性比较好。

1.2.3 液-液相复合技术

液-液相复合技术主要包括：离心浇铸法、电磁控制连铸法等。

1.2.3.1 离心浇铸法

离心浇铸是一种传统的铸造方法，主要生产管材和板材。方法是先铸出复合管坯，之后再进行挤压、轧制工艺制成管材；或者将复合管坯纵向剖开制成板坯，再轧制成板材。该方法很好地解决了复合界面的冶金熔合问题，界面结合强度高。

离心浇铸最重要的是要控制好两种金属复合浇铸的时间，必须保证钢渣和产生的氧化皮在旋转中浮出钢水，浮于内表面。该方法不用防氧化保护时，铸坯更加致密。

由于离心铸造管坯工艺流程简单，成本比较低，所以特别适合特种钢、多品种、小批量的生产，生产组织灵活。北京科技大学在使用此方法制造金属复合管材和板材方面已经取得成功。

1.2.3.2 电磁控制连铸法

电磁控制连铸法的基本原理是：将水平磁场（LMF）安装在结晶器的下方，两种金属液体分别经过长型和短型浸入式水口，浇铸在结晶器内，在结晶器内部形成上下两个区域。由电磁场对上层金属液体产生足够的电磁力，平衡金属液体本身重力，阻止上层金属液体与下层金属液体混合。以水平电磁场为界，形成两个金属区域。在连铸过程中上层金属液体凝固成外层金属，下层金属液体进入到芯部组成内层金属。

1.3 层状金属复合材料性能与变形行为研究现状

层状金属复合材料的变形行为一直是复合材料研究的重要领域之一，由于在许多地方使用到层状金属复合材料时，需要将材料制成比较复杂的形状。这就要求层状金属复合材料具有良好的塑性变形性能。层状金属复合材料的变形性能除了受到基材与覆材本身性能及其之间差异的影响外，还与其复合性能有关。

层状双金属复合材料一方面综合了基、覆材各自的优点，但另一方面，基层材料和覆层材料及复合界面过渡区在组织和各项力学性能方面存在差异，在变形过程中必然会受力不均匀，不同材料之间也会彼此制约，相互拉扯，所以两种材料变形会产生不协调，从而在复合材料内部产生剪切应力或应力集中，这些应力累积到一定程度就可能会造成复合材料失效，从而威胁到复合材料的安全使用。所以在实际生产成型尤其是在进行冲压、拉延、冷弯等机械加工时，就必须要考虑到组元材料的变形协调能力，从而优化加工工艺。

1.3.1 层状金属复合材料力学性能

复合钢板的力学性能及工艺性能的指标主要包括：拉伸性能、冲击性能、疲劳性能、弯曲性能、界面复合强度等。而这些性能相互之间都有一定影响。

拉伸性能是考察层状金属复合材料最基本的指标之一，而评价层状金属复合材料的拉伸性能最基本的参数就是抗拉强度，所以拉伸试验是测试金属材料力学性能应用最多也是最重要的方法。通常拉伸试样为矩形试样，在超过一定的厚度时则采用圆形试样。但就层状金属复合材料来说，因其基材与覆材作为整体使用时的实际情况，以及由于复合方法不同，在结合界面处会产生成分不稳定、不同程度的波状或硬度的影响区域，所以层状金属复合材料通常采用矩形试样进行拉伸测试。在拉伸性能方面，层状复合材料受组元材料的性能影响非常大，通常其拉伸性能介于两种组元材料之间。而又因为许多不锈钢有相变诱导塑性的特点，相应的不锈钢复合材料则具有应变强化效应。在变形时材料的组织和力学性能也不是稳定的，并且轧制变形后材料内部也会存在应力集中，所以在轧制复合之后的热处理对材料拉伸力学的改善尤为重要。而由于两组元材料在伸长率、抗拉强度等力学指标方面存在差异，所以层状复合材料拉伸裂纹的扩展与断裂行为也与单一材料有所区别，断裂路径比较复杂。

冲击性能指的是材料的抵抗冲击载荷的能力。层状金属复合材料的冲击力学性能与热处理方式和试样的取样部位有很大关系。比如对爆炸复合钢板来说，基层钢的冲击性能相对较好，而覆层的冲击性能就比较差。西北核技术研究所关锦清等人以使用爆轰复合的16MnR/0Cr18Ni9Ti不锈钢复合板和单独16MnR钢作为研究对象，研究270~1650s^{-1}的应变速率范围内该复合材料的室温冲击力学特性以及与单一组元材料冲击性能的区别。测试结果表明，不锈钢复合板和16MnR钢均具有应变率强化效应。通过电镜分析确定过载断裂区为韧窝结构。爆轰复合经热处理后材料的塑性基本无改变，两种材料仍为塑性材料，但不锈钢复合板强度较单一材料的强度要高，这表明复合材料的冲击性能要优于单一组元材料。

层状复合材料的疲劳特性与金属材料相比有显著差别，其损伤破坏模式从宏观上可分为：（1）层内开裂；（2）层间开裂；（3）纤维断裂。层状复合材料的疲劳损伤是通常累积的，并且会出现明显征兆。大部分破坏很少由单一的裂纹引发，在循环载荷下往往在高应力区域出现范围广泛的破坏效应。熊玲华等人结合复合材料的S-N曲线，并通过累积损伤原理，建立局部名义应力与结构整体寿命相关联的疲劳寿命预测模型。层状复合材料的疲劳破坏方式非常多，但裂纹的扩展是其主要的失效形式。在层状复合材料中，裂纹扩展延伸的路径比较复杂，不仅可以拐弯，还可以分叉，所以部分学者使用应变能释放率比值判据，再利用任意线法对疲劳裂纹进行分析。一般来说，层状复合材料的疲劳寿命受弹性模量较大的组元材料的影响较大，通常疲劳裂纹萌发于弹性模量比较高的材料层，在界面过渡区处发生应力集中造成界面开裂，裂纹偏转或终止，而塑性较好的材料在此时可能继续发生变形，不发生断裂。西北有色金属研究院对钛钢复合板的弯曲疲劳特性进行的研究表明，在疲劳失效过程中，弯曲疲劳应力与疲劳寿命成反比，低应力疲劳下疲劳裂纹起始于弹性模量较大的材料，而界面对裂纹的扩展具有一定的阻止效应。

弯曲性能是层状复合材料重要的性能之一，层状复合材料尤其是不锈钢复合板都是作为型材来使用，会通过冷弯、拉深等工艺制造成形状复杂的零件。太原钢铁集团王立新研究了冷轧不锈钢纤维方向和晶粒度影响复合材料弯曲性能，对三层不锈钢复合板弯曲性能的影响因素做了全面分析与对比，包括基层化学成分、微观组织、热处理制度、夹杂物等因素，发现基层材料的晶粒度对该复合钢弯曲性能影响非常大。

压缩性能在层状复合材料相关研究多集中于圆柱材料、对称复合材料。对于非对称的层状金属复合材料的压缩性能研究较少。大量关于层状复合板的压缩性能研究也多集中于轧制复合过程中压下率和压下道次的影响以及动态压缩性能。对于室温下层状复合材料的压缩性能研究，魏广悦等人提出了单向纤维复合材料微曲屈的理论，推导出了压缩强度理论公式。而沈真等人对含缺陷的层合板压缩破坏机理进行了研究，对破坏模式进行了总结，结合分层力学观点提出如何估算低能量冲击损伤层合板的剩余压缩强度的方法。

复合材料一个很重要的性能就是其界面结合强度，复合界面结合强度对层状复合材料的变形塑性有非常重要的影响。界面处复合质量的好坏直接影响到层状金属复合材料的整体质量。现在大部分复合工艺都是在高温条件下进行复合，尤其结合区的温度可能更高，组元材料间难免会发生一些化学反应，产生一些新相，这些新相的组织结构对界面复合强度甚至复合材料其他力学指标有很大影响。有些情况下，界面对增强材料使用寿命有帮助，但如果界面强度不够，组元材料不协调变形产生的应力集中就可能会造成界面提前开裂，影响到材料的加工与使用。日本东京大学S. Nambu等人分析了界面结合强度对三层钢复合材料拉伸性能的影响。研究使用不同结合强度的SS304/SCM415/SS304三层钢复合板作为研究对象，发现界面结合强度对于试样拉伸塑性影响很大。材料断裂的类型很大程度上也取决于界面结合强度。随着界面结合强度的增加，复合板拉伸性能越好。具有良好界面复合强度的热轧复合不锈钢复合板，发生不均匀变形超过了塑性室温极限之后出现局部颈缩而失效。

1.3.2 层状复合材料弹塑性变形模型

对复合材料的宏观弹性性能的计算方法，包括 Eshelby 弹性夹杂模型、Reuss 串联模型、Voight 并联模型、Halpain-T sai 混合模型和其他各种自洽方法。而许多学者也继续对这些模型进行研究和改进，使这些模型能够更加接近与符合实际。

刘平等人对 Halpain-T sai 混合模型原理进行了进一步探讨，并对经验拟合系数参数进行理论识别。研究将两组元材料视为两个并联体，变形状态为串联状态，构建一个弹性变形模型。其推导过程如下：

$$\sigma = \varphi_1\sigma_1 + \varphi_2\sigma_2 \tag{1-1}$$

$$\varepsilon = \varphi_1\varepsilon_1 + \varphi_2\varepsilon_2$$

式中 σ，σ_1，σ_2——复合材料、组元 1 与组元 2 的应力；

ε，ε_1，ε_2——复合材料、组元 1 和组元 2 的应变；

φ_1, φ_2——组元 1 和组元 2 的体积分数。

其简单拉伸本构关系为：

$$\sigma_1 = E_1\varepsilon_1,\ \sigma_2 = E_2\varepsilon_2 \tag{1-2}$$

此时引入经验拟合参数

$$q = (\sigma_1 - \sigma_2)/(\varepsilon_2 - \varepsilon_1) \tag{1-3}$$

从而推出

$$q = (E_1\varepsilon_1 - E_2\varepsilon_2)/(\varepsilon_2 - \varepsilon_1) \tag{1-4}$$

对上式变形得到

$$\varepsilon_1 = [(q + E_2)/(q + E_1)]\varepsilon_2 \tag{1-5}$$

结合式（1-2）与（1-5）可得

$$E = \frac{\varphi_1E_1(q + E_2) + \varphi_2E_2(q + E_1)}{\varphi_1(q + E_2) + \varphi_2(q + E_1)} \quad (0 < q < \infty) \tag{1-6}$$

式中 E——复合材料的弹性模量；

E_1，E_2——两组元材料的弹性模量；

φ_1，φ_2——两组元材料的体积分数；

q——经验拟合系数。

其计算公式为：

$$q = \varphi_1\frac{E_1}{2(1 + \mu_1)} + \varphi_2\frac{E_2}{2(1 + \mu_2)} \tag{1-7}$$

式中 μ_1，μ_2——两种组元材料的泊松比。

q 实质上是复合材料复合界面剪切弹性模量 $\overline{G}$，因而此后无需再对参数 q 进行反复计算，便于对复合材料弹性模量快速预测。

而对于层状复合材料弹性变形范围内模型的构建而言，研究者着重关注的是如何快速计算出复合材料各点的应力应变。而对于层状复合材料弹塑性变形分析，有限元分析成为最重要和最有效的方法。

张洪武等人利用构造单胞弹塑性分析理论建立了周期分布的复合材料的模型，但该方法在分析过程中的计算量过于巨大，不利于快速分析复合材料的变形行为。朱祎国在对层状复合材料的弹塑性模型的研究中把应力与应变分为面内和面外两个部分，基于面内应变以及面外应力相等的理想界面处的连续条件，将层状复合材料中每层组元中的应力和应变均匀化，从而得到双层复合材料本构模型。在此基础上，将双层复合材料看作统一整体与第三层材料再构建另一个双层复合材料，从而推导出多层复合材料全量型三维显示本构模型。

李献民等人在双层金属复合材料基础上对多层复合材料的超塑性变形的模型进行了研究。将复合材料简化为如图 1-3 所示的模型，复合材料流动应力计算如下：

$$\sigma_c = f_1\sigma_1 + f_2\sigma_2 \tag{1-8}$$

式中 σ_c——复合材料流动应力；

f_1，f_2——两组元材料的体积分数；

σ_1，σ_2——两组元材料的流动应力。

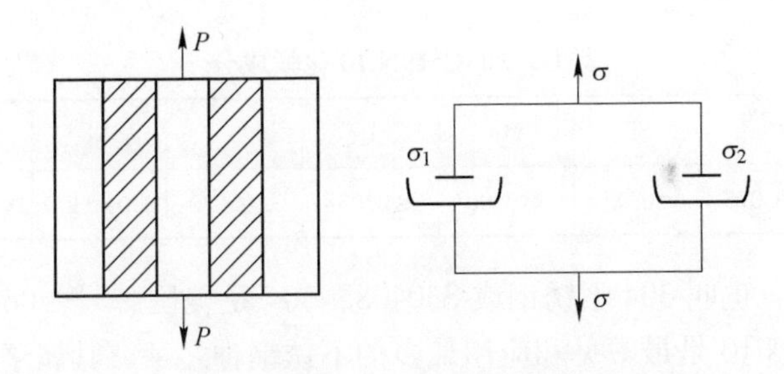

图 1-3 层状复合材料塑性变形的简化模型

实际情况下还需考虑界面层的影响，但界面层较薄，根据经验可得到：

$$\sigma_c = c_1 f_1\sigma_1 + c_2 f_2\sigma_2 \tag{1-9}$$

式中，c_1 和 c_2 分别为各组元对整体复合材料的应力影响系数。通常复合材料应力曲线介于两组元材料之间，c_1 和 c_2 可根据大量实验数据来得出，从而得到经验关系式。

1.4 不锈钢复合板（卷）

1.4.1 简介

复合钢板是最为常见的层状金属复合材料，工业生产中应用较多的复合钢板通常是以不锈钢、镍基合金、铜基合金或钛合金板为覆层，低碳钢或低合金钢为基层，以爆炸焊、复合轧制、堆焊方法等复合方法制成的双金属板材。在生产大厚度（100~150mm）的轧制复合钢还可以采用电渣焊方法。在实际生产和应用中覆材通常只占复合钢板总厚度的5%~50%，并多数在10%~20%。复合材料的最大优势可以节省大量贵金属如不锈钢或钛，大大降低成本，具有巨大的经济价值。

不锈钢复合材料一般是用碳钢与不锈钢采用复合轧制或爆炸复合等方法形成的复合钢板，要求具有一定的拉伸、弯曲等力学性能。为了保证不锈钢复合板不失去原有的综合性能，在复合时对基层和覆层必须分别进行焊接，焊接性、焊接材料的选择、焊接工艺等取决于基层、覆层材料的种类。不锈钢复合板的基层材料通常使用 Q235B、Q345R、20R 等各种普碳钢或专用钢，覆层可以使用 304、316L 和 1Cr13 等不锈钢。

1.4.2 Q235/06Cr19Ni10 层状复合材料性能研究

Q235/06Cr19Ni10 层状复合材料属于不锈钢复合材料的一种，一般又称 304/Q235 不锈钢复合板，是应用最为广泛的不锈钢复合材料之一。其化学成分见表 1-1。

表 1-1　06Cr19Ni10 化学成分　　（质量分数,%）

材料名称	C	Si	Mn	P	S	Ni	Cr	N
06Cr19Ni10	≤0.07	≤0.75	≤2.00	≤0.035	≤0.030	8.0~11.0	18.0~20.0	≤0.10

06Cr19Ni10，也叫 304 不锈钢或 S30408，304 是美国牌号，06Cr19Ni10 是国内牌号。06Cr19Ni10 是最常见和应用最多的不锈钢种之一。其属于单相奥氏体不锈钢，镍的含量很高，在室温下主要为奥氏体单相组织，所以具有很高的耐蚀性。而与马氏体不锈钢相比，06Cr19Ni10 不锈钢塑性和韧性更理想，所以具有相对较好的冷作成型和焊接性。但室温下的强度较低，晶间腐蚀及应力腐蚀倾向较大，切削加工性较差。奥氏体在加热时不发生相变，因此无法通过热处理进行强化。

06Cr19Ni10 还有一个特点就是在变形条件下会发生马氏体相变，具有 TRIP（Transformation Induced Plasticity）效应，即形变诱导相变，相变诱导塑性的特点。马氏体的强度比奥氏体高，控制奥氏体向马氏体的转变，就可以获得更合适的塑性与强度之间的配比。06Cr19Ni10 的硬化指数非常高，远高于其他不锈钢种。大量的研究表明，应变速率与应变率对 06Cr19Ni10 不锈钢的变形行为和力学性能有重要影响。上海交通大学叶丽燕等人对 SUS304 在不同拉伸速率下的力学性能的差异进行了研究。研究发现 SUS304 不锈钢具有应变速率敏感性，材料屈服强度有所提高，而抗拉强度和伸长率则有明显降低。06Cr19Ni10 不锈钢在发生变形时，部分奥氏体会转变为马氏体，且变形时拉伸应变速率越小，马氏体转变量也越大。

Q235 普通碳素结构钢，过去又称为 A3 板。是应用最广泛的一种普碳钢，因其含碳量适中，综合力学性能良好，且成本不高，在室温下组织比较稳定，一般来说未经热处理的 Q235 组织为珠光体+铁素体，所以是不锈钢复合材料中最为常见的作为基层的材料。Q235 普碳钢的屈服强度通常在 235MPa 左右，而且随着板材厚度的增加，其屈服值会减小，各个厚度下的屈服强度如表 1-2 所示，化学成分如表 1-3 所示。

表 1-2 不同板厚的 Q235 屈服强度

板厚/mm	屈服强度/MPa
≤16	235
16~40	225
40~60	215
60~100	205
100~150	195
150~200	185

表 1-3 Q235 力学性能与成分

<table>
<tr><th>钢 种</th><th>屈服强度 /MPa</th><th>抗拉强度 /MPa</th><th>伸长率 /%</th><th>C</th><th>Si</th><th>Mn</th><th>S</th><th>P</th></tr>
<tr><td>Q235A</td><td rowspan="4">235</td><td rowspan="4">375~460</td><td rowspan="4">26</td><td>0.14~0.22</td><td rowspan="4">≤0.3</td><td>0.30~0.65</td><td>≤0.5</td><td>≤0.045</td></tr>
<tr><td>Q235B</td><td>0.12~0.20</td><td>0.30~0.70</td><td>≤0.45</td><td>≤0.045</td></tr>
<tr><td>Q235C</td><td>≤0.18</td><td>0.35~0.80</td><td>≤0.4</td><td>≤0.04</td></tr>
<tr><td>Q235D</td><td>≤0.17</td><td>0.35~0.80</td><td>≤0.035</td><td>≤0.035</td></tr>
</table>

Q235 普碳钢大量应用于建筑及工程结构中，作为结构钢使用。比如用以制作钢筋或建造厂房房架、高压输电铁塔、桥梁、车辆、锅炉、容器、船舶等，也

大量用作对性能要求不太高的机械零件。C、D级钢某些情况下可作为专业用钢使用，还可以应用于各种模具把手以及其他不重要的模具零件的制造。使用Q235钢做冲头的材料，经淬火后不回火可以直接使用，解决了冲头在使用中容易碎裂的问题。

Q235/06Cr19Ni10层状复合材料综合了Q235良好的力学性能与覆材06Cr19Ni10卓越的耐蚀性能，同时节约了大量06Cr19Ni10不锈钢材料，降低了成本，所以不锈钢复合材料价格相对来说比较便宜，因此被广泛应用于各种需要耐蚀的环境中，如大型储罐、铁塔结构、不锈钢焊管等。

1.4.3 Q235/06Cr19Ni10层状复合材料主要问题

由于06Cr19Ni10不锈钢与Q235碳钢之间力学性能尤其是在抗拉强度、断后伸长率方面存在较大的差异，那么两种材料在复合之后在变形时势必会彼此影响，在变形量比较大的时候，两者的变形不一致，而可能在材料内部在界面处产生很大的内应力，造成应力集中，甚至造成层间开裂，导致材料失效，从而威胁到其使用安全。另一方面，由于06Cr19Ni10作为单向奥氏体不锈钢，具有强烈的冷变形硬化效应。作为Cr系奥氏体不锈钢，具有强烈的应变速率敏感性，而且对应变量也非常敏感，所以Q235/06Cr19Ni10复合材料力学性能必然受应变速率以及应变率的影响，属于不稳定合金，因此在变形过程中尤其是各组元材料受力情况具有不确定性。此外，不锈钢与碳钢在复合时在界面处会产生过渡区，过渡区的性能对不锈钢复合材料的影响也非常大。

1.5 研究内容

层状双金属复合材料由于具有性能优越、成本低廉的特点，受到市场的欢迎以及研究者浓厚的兴趣。然而，组成复合材料的两种金属由于力学性能差异，可能会造成变形协调性差，造成应力集中，易导致界面开裂或形成裂纹，造成材料过早失效，对工程实际应用造成潜在威胁，所以本书选择层状复合材料的变形协调性作为研究重点。

之所以选择06Cr19Ni10/Q235层状复合材料作为研究对象，一是因为该复合材料是现在大量生产和应用最为广泛的不锈钢复合板之一；二是因为两者在塑性成型性能尤其是抗拉强度和断后伸长率方面存在比较大差距，它的变形协调性能在层状不锈钢复合材料中比较典型；三是现在对于层状金属复合材料的变形的相关研究主要集中于轧制过程中的变形，对于实际应用的相关研究还不多。研究其热处理工艺、变形协调性的研究对改进其生产与应用有着重要的意义。

2 不锈钢复合板的制备工艺

2.1 热轧复合生产工艺及特点

轧制复合法是利用轧制压力使金属复合的方法，是生产复合板的一种较为普遍的方法。热轧复合法是将覆层材料和基层材料拼装在一起，周边进行焊合，然后热轧使之复合。为了提高复合界面的润湿效果，提高结合强度，在界面的物理化学处理方面还要采取一系列技术措施，复合界面在一定真空条件下进行轧制，在轧制过程中两种金属扩散实现冶金结合。

热轧复合法使用大型中厚板轧机和热连轧机生产，生产效率高，供货速度快，产品幅面大，厚度自由组合。不锈钢覆层厚度 0.5mm 以上均能生产。但投资大，因此总厚 7mm 以下规格的生产厂家较少。由于受轧钢压缩比的限制，热轧生产尚不能生产厚度 50mm 以上的复合钢板。热轧复合板生产的优势为 10mm 以下的复合卷板的生产。

热轧过程高温状态下金属塑性成形时在变形性质上十分类似于黏滞流体，由此推知，两种金属间接触表面在剪切变形力的作用下应该更趋向于流体特性。一旦有新生金属表面出现，它们便产生黏着摩擦行为，利用接触表面间金属的固着，以固着点为基础（或核心），在高温热激活条件下形成较为稳定的热扩散，实现金属间的焊接结合。轧制余热将使两种金属间的原子扩散更加充分，从而形成良好的复合。

热轧轧制复合板的生产过程，可以将其主要特点概述如下：

（1）能充分发挥轧机的高效率，劳动条件好，生产规格灵活，特别对于较薄的复合板尤其显得优越。

（2）轧制复合的原理基本相似于压力加工。在未复合前，双金属在表面上由于力学性能不同而导致塑性形变的差异；线膨胀系数的不同，导致了结合区的残余应力等缺陷，这是不同于单金属轧制的。

（3）受轧制技术及条件的限制，轧制件常常处于高温状态。

（4）在轧制叠板时，由于上、下辊压力的不同，则上下复合板组合形变不均，严重时，会导致厚度超出公差。

（5）轧制复合法轧制复合板，其覆层厚度通常占总厚的 2.5%~20%。

热轧复合方法已经成功地用于工业生产中，它与普通的金属热轧工艺除了工艺实施方案上有较大的差异外，其基本轧制过程没有实质性的变化。

轧制复合是在强大轧制压力作用下，使覆层材料、基层材料的结合界面的表面氧化层破碎，并在整个金属截面内产生塑性变形，在破碎后露出的新鲜基层和覆层金属结合界面形成原子间结合，即焊合。轧制复合时，结合界面的氧化膜是复合的主要障碍。另一个重要因素是压下问题，只有足够高的压力才能产生强烈的剪切变形，形成更多的位错运动。复合金属轧制和单金属轧制的最大区别是前者的首道次变形量必须很大，这样才能促进碳钢、不锈钢材料的物理结合。轧制复合的实质是压力扩散焊。

一般情况下不锈钢复合卷板产品的生产工艺为：采用焊接真空组坯+热轧复合法，实现不锈钢（以 SUS304 为代表）+ 碳钢（以 Q235 为代表）复合的生产。利用双机架可逆式炉卷轧机，采用热轧法（不锈钢复合坯长 6.7～10m），实现双机架炉卷轧机轧制 6mm 以下不锈钢复合板（卷）。主要工序为组坯—加热—轧制—后处理，图 2-1 为热轧复合工艺流程，各工序流程见图 2-2～图 2-4。

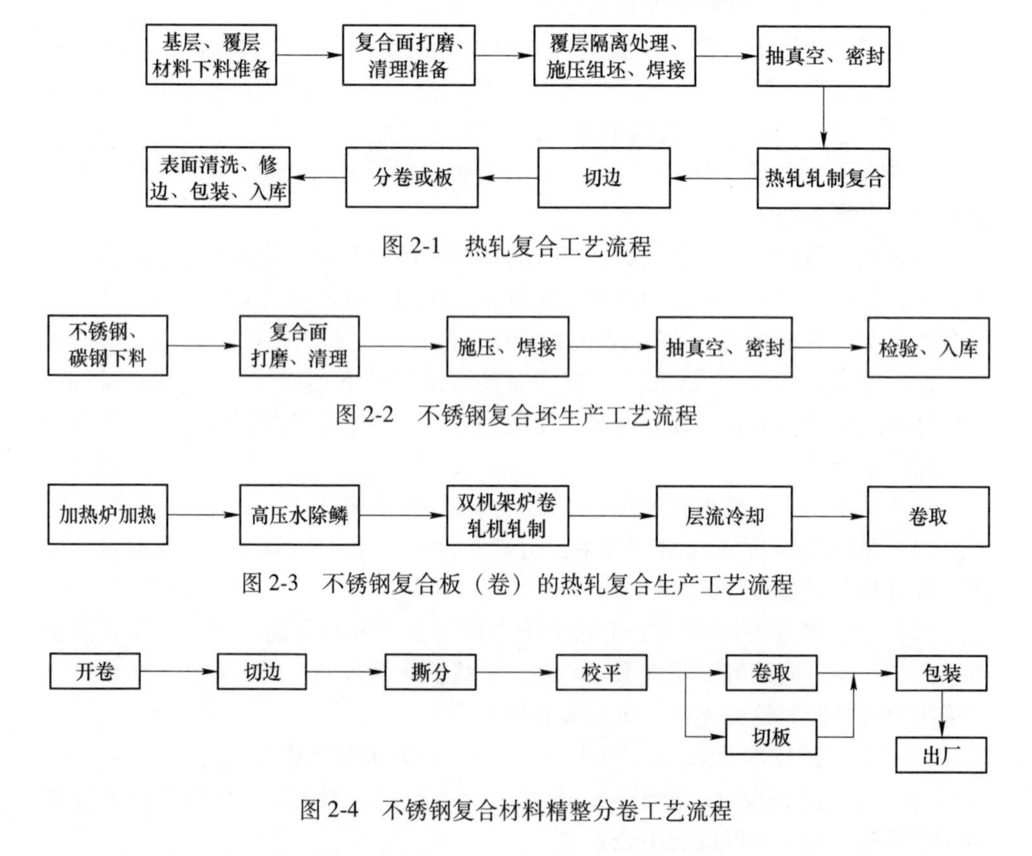

图 2-1　热轧复合工艺流程

图 2-2　不锈钢复合坯生产工艺流程

图 2-3　不锈钢复合板（卷）的热轧复合生产工艺流程

图 2-4　不锈钢复合材料精整分卷工艺流程

2.2　热轧复合法的理论支撑

双金属复合机理极为复杂，学术界提出了不同的结合机理，这些理论促进了复合材料生产的发展。反过来，复合材料生产制作工艺的不断改进又促使复合理论日趋完善。

（1）再结晶理论。1953 年，Join M. Parks 根据金属在变形量很大时，再结晶温度会显著下降的事实提出了金属结合的再结晶理论。他认为，同相复合时产生金属复合的主要过程是接触区的再结晶过程。也就是说，在两金属的共同变形过程中，由于变形热的作用，接触区会出现局部高温而使两金属边界的晶格原子重新排列，形成同属于两种金属的共同晶体，使得相互接触的两种金属结合在一起。这种理论非常适用于对在热处理过程中复合材料组织变化进行解释，但是它并不适合于结合过程本身，并且对有些低温复合现象无法解释。

（2）金属键理论。1954 年，M. S. Burton 通过对金属复合的研究提出了金属键理论。他认为实现金属结合的唯一要求是使两种金属的原子足够靠近以使原子间的引力发挥作用。任何一个固相金属体内的单个原子之间都有这种引力的作用，同种金属原子之间有这种作用，不同种金属原子之间也有这种作用。当两种金属原子不断靠近时，它们之间的吸引力将增加，当两原子间距达到大约正常原子间距的两倍时，引力达到最大值，继续靠近时，吸引力将减小，并且当达到正常原子间距时，吸引力变为零。相邻原子则以平衡间距稳定排列，同时两金属原子的外层自由电子成为共同的自由电子而以金属键结合在一起，实现了金属间的结合。他认为，所有的复合技术都是依靠这种复合作用完成的，这是实现金属间结合的化学基础。这一理论普遍被人们接受，但是它不适用于解释某些低温复合领域中的问题。

（3）能量理论。1958 年，A. N. 谢苗诺夫提出了金属结合的能量观点。他认为当两种金属相互接触时，即使金属原子接近到了晶格参数的数量级，如果原子还没有具备实现结合的最低能量是不能使其产生结合的。该理论运用了原子激活的观点，认为只有获得足够能量而被激活的原子之间接触到一定距离后才可能形成金属键而实现金属之间的结合。

（4）位错理论。该理论认为，当两种相互接触的金属产生协调一致的塑性变形时。位错迁移到金属的接触表面，并使表面的氧化膜破裂，形成了高度只有一个原子间距的小台阶。一方面可以看成是塑性变形阻力的减小；另一方面可以认为是增加了双金属接触表面的不平度，使接触表面产生比内部金属大得多的塑性变形。这等于说，双金属的结合过程就是其接触区金属的塑性流动的结果。这一理论无法解释在没产生塑性变形的条件下，所进行的双金属复合过程。

（5）薄膜理论。该理论认为，异种金属之间的结合取决于它们结合表面的状态，只有除掉金属表面的氧化膜，才能在变形过程中使原子相互接近到原子吸引力能够发生作用的范围内，进而形成结合。也就是说，金属表面的氧化膜是金属结合的主要障碍，氧化膜越薄、越硬，在变形时就越容易破裂，异种金属越容易接触、结合，裂纹的大小和数量直接关系到复合材料的界面结合强度。这种理论主要适合于异种金属固相轧制复合。

（6）扩散理论。20 世纪 70 年代，卡扎柯夫提出了金属结合的扩散理论，他认为，在实现金属结合的变形过程中，由于变形热的作用使金属接触区温度升高，而使得金属原子受到激活，在界面附近形成一个很薄的互扩散区而实现了金属之间的结合。扩散的作用是使两金种属原子相互作用的机会增加，因而促进了两种金属之间的结合。该理论从金属学角度对异种金属界面结合进行了解释，这是其先进的方面，但是它没有考虑到金属接触表面的激活过程和相互扩散对整个接触区形成结合过程的限制，它不能解释事实存在的当扩散区厚度达到一定程度时，随着扩散区厚度增加复合材料界面结合性能降低的现象。

（7）三阶段理论。该理论认为，任何在高温高压条件下进行的双金属复合过程都包含如下三个阶段：

第一阶段是双金属间物理接触的形成阶段，也就是双金属中的原子依靠塑性变形，在整个接触面上相互接近到能够引起物理作用的距离或足以产生弱化学作用的距离。

第二阶段是化学相互作用阶段。双金属接触表面激活并形成化学键，实现双金属间的结合。

第三阶段是扩散阶段。双金属在完成物理接触实现初步结合后，各组元金属中的原子通过结合面相互扩散，以增进结合强度。此阶段要根据扩散区及新相的性质控制扩散过程。

2.3　不锈钢、碳钢结合面的修磨处理

轧制复合是在强大轧制压力作用下覆层和基层材料的结合面的表面氧化层破碎，并在整个金属截面内产生塑性变形，在破碎后露出的新鲜基层和覆层金属表面处形成原子键合和嵌合。就轧制复合的位错理论、薄膜理论、扩散理论、三阶段理论而言覆层金属和基层金属表面氧化层是复合的主要障碍。

覆层金属与基层金属表面氧化层采用机械打磨方式去除。即应用机械方法（砂轮打磨金属表面），除去表面的氧化皮及油脂露出金属本色，以增强复合结合强度。

在大变形量轧制复合时，如果表面过于光滑，就容易沿着界面滑出，复合强度较低。运用机械打磨处理方法，可使碳钢与不锈钢结合界面的表面变得凹凸不平，增大表面的粗糙度，使接触面积变大，最大限度地提高复合板的剪切强度。图 2-5～图 2-9 为不锈钢复合板结合界面在不同处理方式下的金相特征。

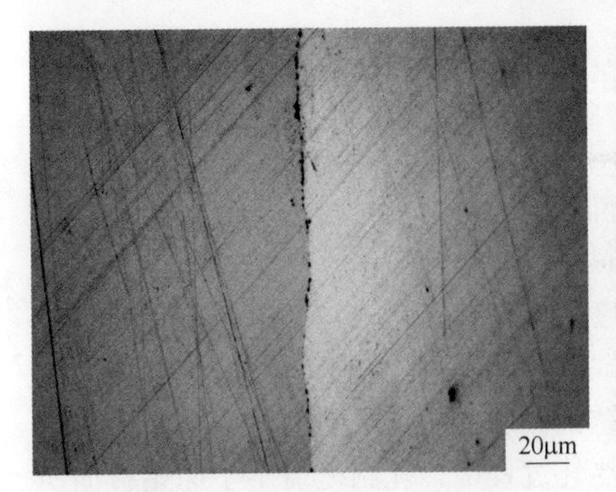

图 2-5 未打磨不锈钢复合界面

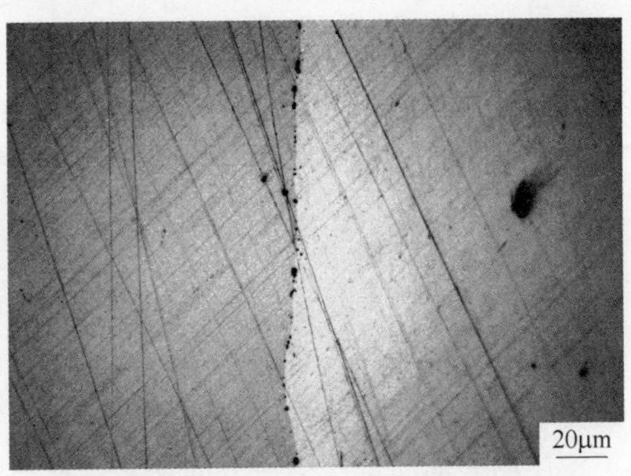

图 2-6 粗磨不锈钢复合界面

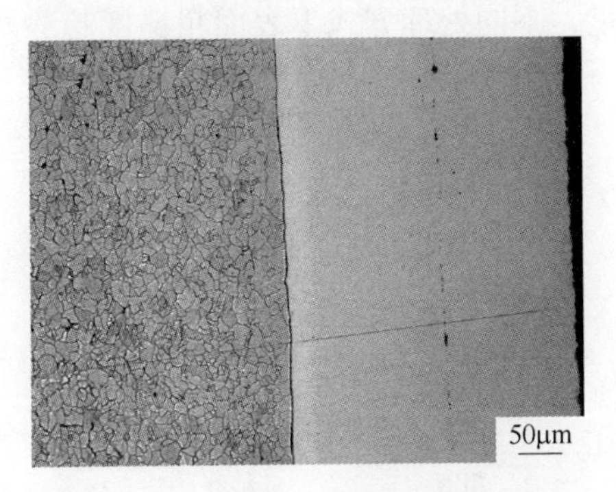

图 2-7 粗磨-精磨-抛光-腐蚀后的界面

图 2-8 粗磨+精磨不锈钢复合界面

图 2-9 复合材料加工界面缺陷

从结合界面金相照片来看，未打磨的不锈钢结合界面处夹杂物较多，粗磨的部分结合界面处夹杂物相对少，磨床粗磨后再进行精磨的部分结合界面处夹杂物较少。结合界面夹杂物往往在后续加工使用过程中造成结合界面缺陷甚至缺陷扩大至覆层表面（见图 2-9）。

2.4 不锈钢非接合面（覆层表面）的处理

表面质量以表面缺陷的多少、影响范围进行表征。热轧不锈钢复合材料产品表面质量取决于不锈钢覆层表面（非结合面）状态。在制坯过程中，非结合面的处理方式直接影响着轧制后热轧复合材料产品的表面质量。在相同的目标轧制厚度的条件下，不锈钢原料的板面粗糙程度、质量缺陷对最终产品表面质量影响较大。一方面，原始板面的粗糙度、表面缺陷在轧制过程中影响着非结合面金属的流动均匀性、平整性，也间接影响了不锈钢覆层上隔离材料的流动，最终影响了覆层的表面质量；另一方面在复合材料热轧过程中，轧制掩盖不了原始板面所有的缺陷，甚至部分缺陷随金属延展可扩大。

不锈钢非结合面采用了三种不同的处理方式：不处理、粗磨、精磨组坯。覆层表面清洗后，对覆层表面粗糙度进行测量，不同处理方式下表面粗糙度趋势及覆层表面见图 2-10 和图 2-11。

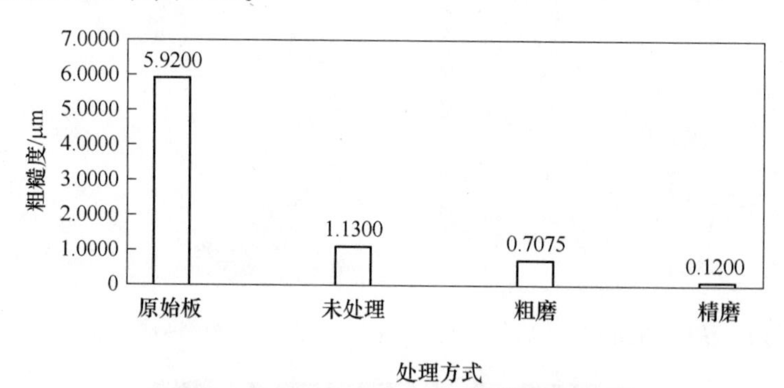

图 2-10 不同处理方式覆层表面趋势

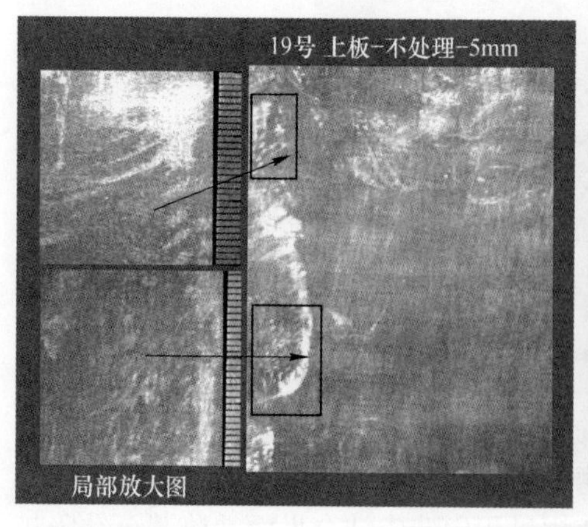

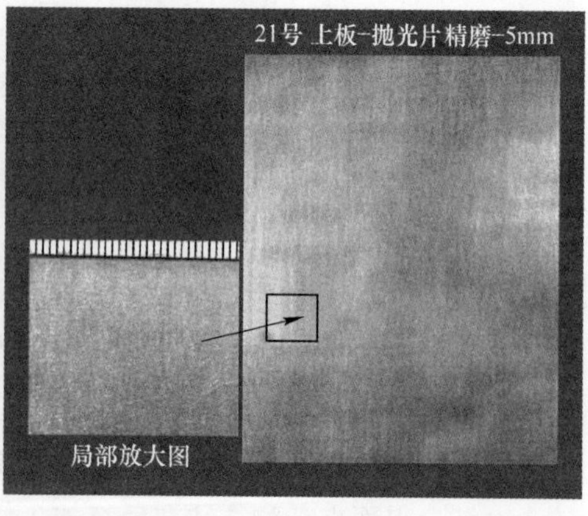

图 2-11 不同处理方式覆层表面照片

如图 2-10 所示，不锈钢原料表面粗糙度为 5.92μm，覆层材料原料采用不同处理方式进行处理，制坯轧制后的表面粗糙度为：未处理 > 粗磨 > 精磨，即改善原始板面质量，不锈钢覆层表面质量也随之提高。

从图 2-10 和图 2-11 可知：（1）对不锈钢原料板表面不处理，经轧制后，板面的粗糙度降低，即板面质量改善。所以，即使非结合面不处理，热轧也可以改善不锈钢面的表面质量。（2）在制坯过程中，非结合面采取精磨的方式，可以改善轧制复合后不锈钢面的表面质量。

2.5 真空组坯-非真空轧制探索

不锈钢复合坯密封焊接后抽真空，令复合坯内部真空度在$-1\times10^{-2}\sim-1\times10^{-3}$Pa 之间。复合坯内部处于真空状态目的：避免结合界面金属氧化影响覆层与基层的结合质量。热轧不锈钢复合坯一般加热至 1000℃以上开始轧制。若复合坯摆放时间较长，真空受到破坏（进入少量空气），轧制加热时，复合坯从室温加热至 1000℃，坯内气体受热体积膨胀 4~5 倍，而处于密闭状态的坯因膨胀的空气无法及时排出，威胁加热炉的生产安全；另一方面，由于复合坯内部残存的空气无法排出，首道次轧制过程中空气受碾压导致压力骤增，产生爆破，致使复合卷板轧断，严重时可能造成轧制设备的损坏。复合坯在加热和轧制过程中出现的膨胀和鼓泡现象分别见图 2-12 和图 2-13。

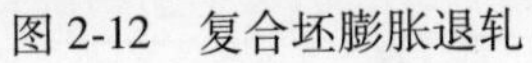

图 2-12　复合坯膨胀退轧

图 2-13　复合坯轧制气泡

为避免复合坯在轧制生产过程中因真空度破坏，导致热轧生产工艺不顺畅，研究开发了真空组坯-非真空轧制不锈钢复合材料的生产工艺。具体工艺流程为：复合坯全部焊接密封，在复合坯尾端间隔开孔，在开孔处插入铝质空心管段并将管外壁与坯接触的缝隙全部密封，复合坯抽真空后封闭管段端口。轧制入炉工序：首端朝前，尾端在后。在加热过程随着坯温上升至高于铝质空心管熔点以上，铝质空心管熔断。随着坯内部温度的进一步升高，残留在复合板坯空间内部的空气发生膨胀并通过铝质空心管排出，直至复合坯内外压力趋于一致。在坯进入轧机轧制时，复合坯内部剩余空气将在碾压过程中从敞开的尾端口排出，从而确保了复合坯轧制工艺的顺畅。

真空组坯-非真空轧制不锈钢复合材料自采用以来，经生产实践检验效果良好，确保了不锈钢复合材料的轧制正常生产。

2.6　制坯隔离膜工艺研究与优化

热轧复合方法已经成功地运用于工业生产中，与普通的金属热轧工艺相比，除了工艺实施方案上有较大的差异外，其基本轧制过程没有实质性的变化。采用热轧复合方法生产不锈钢复合板卷的工艺特点是对称制坯-热轧复合，简单易行且可以生产大型复合板材，复合坯示意图见图 2-14。热轧复合生产工艺为：制坯—加热—轧制—后处理。一般采用对称法将基层金属材料和覆层金属材料结合面修磨处理组坯焊接制造复合坯，复合坯进行热轧冶金结合，经切边等后处理工序实现上下层金属复合材料的分离。为实现上下层金属复合材料的分离，制坯时须在两覆层金属非结合面之间涂覆高温隔离防粘涂料，在高温加热及轧制过程中起到防止覆层金属材料粘接的作用。现行组坯生产工艺流程见图 2-15。

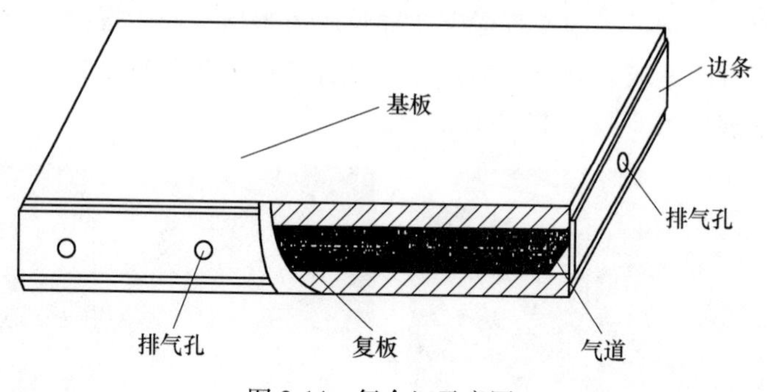

图 2-14　复合坯示意图

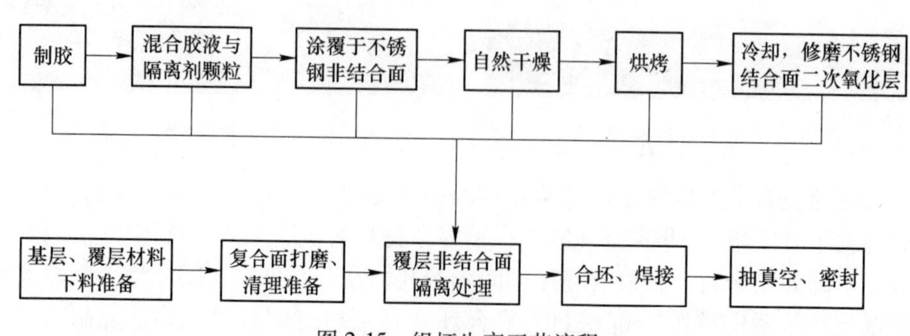

图 2-15　组坯生产工艺流程

高温隔离涂料的用量须根据复合坯的轧制压缩比来确定，一般情况下高温防粘涂料的干膜厚度为 0.2～1.2mm。防粘隔离涂料涂覆量不足或隔离涂料分布不均将导致上下层金属复合材料粘接，甚至无法分离，见图 2-16。高温隔离防粘涂料处理技术成为热轧金属复合材料生产的核心关键技术。

图 2-16 复合材料粘接

2.6.1 传统高温隔离防粘技术

传统不锈钢复合材料胶粘高温隔离涂料处理工序为：制胶—耐高温无机物氧化镁与胶液混合—涂敷—自然干燥—烘烤—冷却，通常采用耐高温无机物氧化镁与水溶性高分子聚乙烯醇胶液混合、搅拌、过滤，经喷涂或人工涂刷方式涂覆于基、覆层金属材料之间，自然干燥数小时后再电炉加热干燥。该工艺存在如下缺点：

（1）胶粘高温隔离防粘涂料使用聚合度为 1700 左右（中等聚合度），醇度为 87%~90%的聚乙烯醇（如 1799、1788）制备胶液。聚乙烯醇胶液的黏度随浓度升高而增大，随温度升高而减小。图 2-17 为聚乙烯醇的温度-黏度、浓度-黏度曲线。聚乙烯醇胶液在 30℃下存放黏度会逐渐升高，其变化规律符合公式（2-1）

$$\eta_t = \eta_0(1 + 4 \times 10^{-5} Wt) \tag{2-1}$$

式中 η_t——t 小时后的黏度；

η_0——起始黏度；

W——溶液浓度；

t——存放小时数。

单块不锈钢复合坯的隔离剂从制胶—配制—涂装生产周期为 4h，胶液黏度随温度、时间变化较大，容易导致涂装后的防粘隔离层厚度均匀性差。

（2）隔离剂层的涂装质量易受胶液表面张力、隔离层厚度均匀性、覆层金属表面粗糙度等影响。覆层金属表面粗糙度大，隔离层胶粘强度大，隔离层不易脱落。若水分蒸发速度过快、隔离层厚度不均等将导致胶膜收缩不均造成隔离层

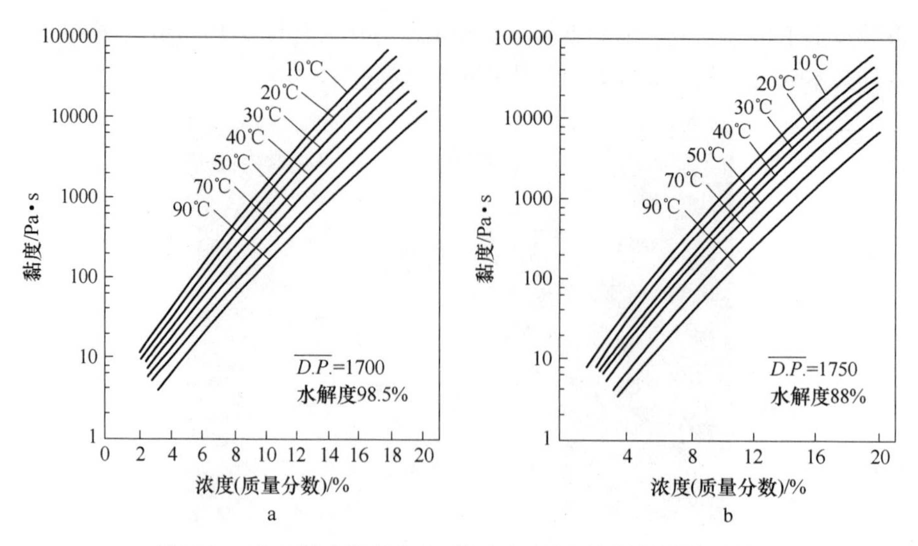

图 2-17　聚乙烯醇的温度-黏度（a）和浓度-黏度曲线（b）

开裂脱落。为避免隔离层的开裂脱落，必须将涂层自然干燥 6~8h 后方能缓慢加热干燥，板温超过 100℃使隔离层脱水。

（3）加热烘烤隔离层时，为避免局部受热不均引起隔离剂表面龟裂，只能缓慢加热干燥，加热烘烤周期长达 3h。

（4）隔离层烘烤脱水过程中，不锈钢结合面会产生二次氧化，为保证复合材料结合的性能须进行修磨处理。为减少对已干燥隔离层的损伤，只能采用人工修磨，每块不锈钢修磨时间约需 1h，工人劳动强度大，生产效率低，且在反复吊运过程中容易损伤已干燥隔离层。

综上所述，不锈钢复合材料胶粘高温隔离涂料处理技术存在较多的质量影响因素，整个处理周期长达 15h，工序繁杂且工人劳动强度大，不利于连续化生产要求，仅适用于单机非连续生产组坯使用。

为缩短隔离剂的干燥时间和避免不锈钢结合面的二次氧化，可采用微波与热风等多种方式结合的隧道式热风干燥室对隔离剂进行 1h 干燥预处理，再进行 1h 微波干燥，可以缩短不锈钢隔离剂的烘烤时间，提高隔离剂烘烤质量，避免不锈钢结合面在隔离剂固化烘烤过程中的二次氧化。但隧道式热风干燥虽然可以提高隔离层的干燥速度及质量，隔离涂层的涂装质量问题仍悬而未决。现代化连续组坯生产亟待系统性的解决隔离处理技术问题。

2.6.2　新型隔离膜的开发

有机高分子材料具有良好的加工成型性，在一定的加工温度（一般为 150~250℃）范围内，在压力、剪切作用下，具有良好的熔融流动性，可根据实际需要进行加工。有机高分子行业通常采用纯树脂，如PE、PP、ABS等直接加工成型。随着高分子材料及复合材料工业化应用进程的加快，各工业部门对高分子材料性能不断提出更高的要求，如较高的拉伸强度、模量、导热系数、热畸变温度及较低的热膨胀性和成本等。在纯树脂中添加各类非金属材料或金属粉体材料作填料改性，可以提升高分子材料的各类性能，使其达到所需要的技术指标和高性价比。填料添加改性技术，一般有以下两种方式：（1）粉体直接混入法。将填料粉体和高分子树脂共混搅拌均匀后，直接送入成型机械加工成产品或将填料粉体、树脂和加工助剂共混搅拌均匀后，先送至造粒流水线造出改性树脂后，再送入塑料成型机械加工成产品。该方法的优点是操作简便。（2）母料法。按照规定配方将填料粉体、加工助剂、载体共混搅拌均匀后，再送入母料造粒流水线造出母料粒子，再将母料粒子按需要配比计量均匀混入树脂后，送入成型机械加工成产品。

结合现有的石头纸生产线，提出不锈钢复合材料新型隔离膜开发和工艺设计思路：采用有机高分子填料改性技术的粉体直接混入技术。选取一定粒径的耐高温无机物，将其作为主体填充物，与偶联剂、分散剂、润滑剂等助剂高速混合活化处理后，加入一定量的载体树脂，混合后进行混炼、分散、塑化、造粒，再使用压延法或流延法预制具有一定柔韧性和强度的高温无机物卷或片膜。组坯生产时直接将卷或片膜铺覆于覆层金属材料之间而进行组坯，通过控制隔离膜厚度及隔离膜厚度均匀性实现耐高温无机物在覆层金属之间的添加量及分布均匀性。在加热和热轧过程中，隔离膜中的有机高分子材料会完全分解，只剩余耐高温无机物均匀铺敷于覆层表面，从而达到良好的隔离防粘效果。

2.6.2.1 隔离膜预制可行性

所用耐高温无机物要求的熔点大于1000℃，氧化镁为白色或淡黄色粉末，无臭、无味，不溶于水或乙醇，微溶于乙二醇，熔点2852℃，沸点3600℃，具有高度耐火绝缘性能。因此隔离膜中耐高温无机物填充物选用A目氧化镁。试验用氧化镁比表面积为0.34m^2/g，体积平均径为16.90μm。对耐高温无机物的测试数据见表2-1和图2-18。

表2-1 耐高温无机物粒径测试

<table>
<tr><td colspan="5">中位径：11.82μm</td><td colspan="5">体积平均径：16.90μm</td><td colspan="5">面积平均径：6.50μm</td><td colspan="5">遮光率：9.50</td></tr>
<tr><td colspan="5">比表面积：0.34m²/g</td><td colspan="5">物质折射率：2.160+0.100i</td><td colspan="5">介质折射率：1.333</td><td colspan="5">跨度：3.00</td></tr>
<tr><td colspan="4">D3：1.43μm</td><td colspan="4">D6：2.05μm</td><td colspan="4">D10：2.83μm</td><td colspan="4">D16：3.97μm</td><td colspan="4">D25：5.83μm</td></tr>
<tr><td colspan="4">D75：22.18μm</td><td colspan="4">D84：29.77μm</td><td colspan="4">D90：38.39μm</td><td colspan="4">D97：60.60μm</td><td colspan="4">D98：66.61μm</td></tr>
</table>

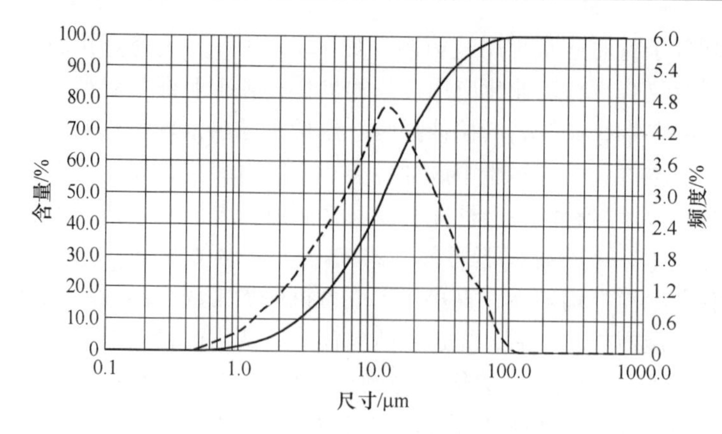

粒径/μm	含量/%
0.30	0
0.80	0.61
2.00	5.72
10.00	42.94
20.00	71.46
35.00	88.04
40.00	90.86
42.00	91.72
45.00	92.93
50.00	94.53

图 2-18　耐高温无机物粒度曲线

高分子材料选用聚丙烯；为保证高温无机物氧化镁与高分子材料能够充分分散均匀，加入了偶联剂。偶联剂为铝酸酯偶联剂或钛酸酯偶联剂或者钛酸酯偶联剂。它们的分子中既有亲无机基团，可与无机填充剂或增强材料相作用，又有亲有机基团，可与高分子材料起物理或化学作用，从而在耐高温无机物与聚丙烯材料界面间起到“分子桥”作用，改善耐高温无机物在聚丙烯中的分散性，促进其在聚丙烯中的填充能力。氧化镁莫氏硬度为 5. 5，为改善高分子材料的加工性能，增强聚丙烯与耐高温无机物混合产品的流动性，提高整个物料的熔体流动速率并降低对设备的磨损，加入硬脂酸、石蜡、聚乙烯蜡。

整个配方按照耐高温无机物氧化镁填充量 83%、聚丙烯 14%、偶联剂 1%、聚乙烯蜡和石蜡 2%进行试验造粒，见实物图 2-19。检测填充（MgO）含量为 82. 998%，粒子脆性较大压膜困难。在小型试验压延机上采用添加增韧剂方式，在填充量 74%情况下模头温度 190℃，预制第一批片状隔离膜，见图 2-20。对第一批的片状隔离膜进行检测，数据见表 2-2，厚度均匀性见图 2-21（因脆性大无法成卷无法测试隔离膜强度与韧性）。

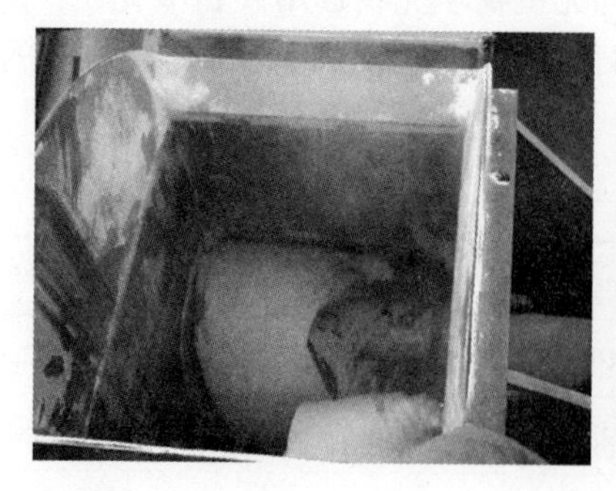

图 2-19　造粒

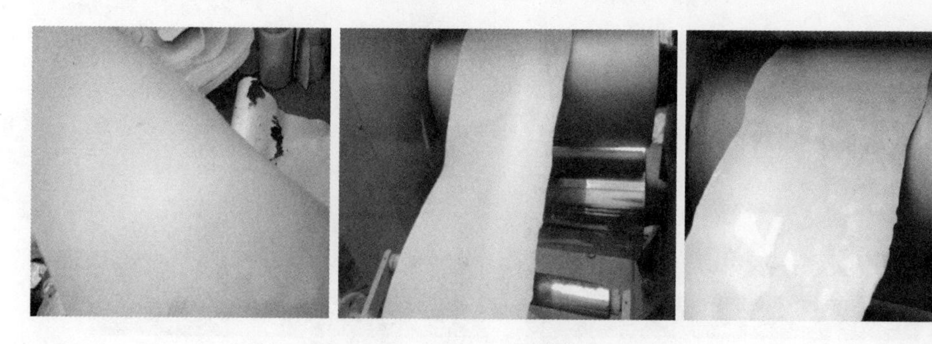

图 2-20 制膜

表 2-2 片状隔离膜检测数据

面密度/$g \cdot m^{-2}$	灰分/%	比重/$g \cdot cm^{-3}$
1880	74	1.74

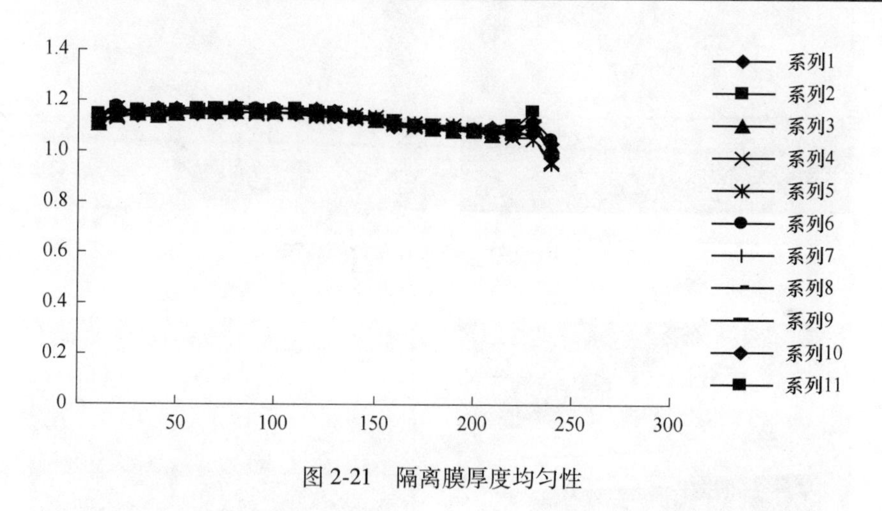

图 2-21 隔离膜厚度均匀性

2.6.2.2 隔离膜隔离效果检验

为论证预制的隔离膜是否具备隔离效果，制备小型试验坯进行锻造试验论证。采用 60mm×25mm×400mm 碳钢，12mm×150mm×250mm 不锈钢及相应隔离膜进行组坯，见图 2-22。用锻压机在 30MPa 的压力下锻压成总厚度 30mm 的锻压坯，见图 2-23。锻压坯切边后，中部上下层不锈钢复合板能自然分开，证明预制隔离膜具备隔离效果，见图 2-24。

2.6.2.3 隔离膜改进试验工作

经过第一阶段隔离膜预制可行性论证和隔离效果论证，表明采用高分子材料

图 2-22　锻造前复合坯

图 2-23　锻造后复合坯

图 2-24　隔离膜隔离效果

填充改进技术预制不锈钢隔离膜具有可行性。隔离膜在不锈钢复合坯组坯中的应用关键在于改进配方，使能成卷生产隔离膜，改善隔离膜的柔韧性，使其在组坯生产铺设时便于修整、吊运。

高分子材料填充改性技术的关键在于使微小的无机粉体颗粒均匀分散在高分子材料中。无机物的粒径小有益于均匀分散，但粒径越小分散均匀难度增加，表面活化处理难度增加。具体改进措施为：降低耐高温无机物氧化镁粒度，增加偶联剂、分散剂用量，同时降低耐高温无机物的填充量以增加韧性。

耐高温无机物分别采用 B 目和 C 目的工业耐高温无机物进行试制，其测试结果见表 2-3 和图 2-25。工业耐高温无机物的比表面积为 0.75m²/g，体积平均径为 16.46μm。

表 2-3　第二阶段耐高温无机物粒径测试

<table>
<tr><td colspan="2">中位径：13.87μm</td><td colspan="1">体积平均径：16.46μm</td><td colspan="1">面积平均径：2.94μm</td><td>遮光率：8.54</td></tr>
<tr><td colspan="2">比表面积：0.75m²/g</td><td colspan="1">物质折射率：1.460+0.100i</td><td colspan="1">介质折射率：1.333</td><td>跨度：2.62</td></tr>
<tr><td>D3：0.48μm</td><td>D6：0.66μm</td><td>D10：0.92μm</td><td>D16：1.44μm</td><td>D25：2.96μm</td></tr>
<tr><td>D75：25.88μm</td><td>D84：31.95μm</td><td>D90：37.29μm</td><td>D97：48.19μm</td><td>D98：51.41μm</td></tr>
</table>

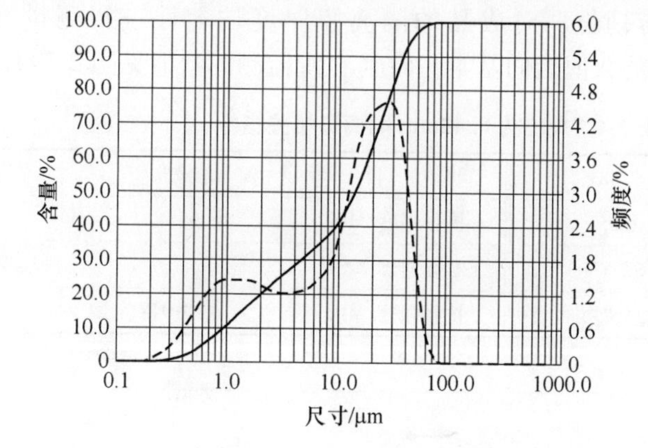

粒径/μm	含量/%
0.30	0.55
0.80	8.06
2.00	20.27
10.00	41.26
20.00	64.10
35.00	87.66
40.00	92.46
42.00	93.85
45.00	95.70
50.00	97.69

图 2-25　第二阶段耐高温无机物粒度曲线

根据原料情况调整配方：耐高温无机物填充量 63%～68%、聚丙烯 23%，偶联剂为 2%、聚乙烯蜡和石蜡 7%，进行试验造粒。通过图 2-26 所示的生产工艺控制，生产出成卷的隔离膜，见图 2-27。

图 2-26　隔离膜生产工艺参数控制

图 2-27　成卷的隔离膜成品

第一批生产制作的厚度为 0. 48mm，隔离膜的测试数据见表 2-4，数据显示隔离膜具有一定的强度与韧性。对成品的隔离膜厚度均匀性进行测量（见图 2-28），与在线控制监测的数值走向基本一致（在线监测的数值见图 2-29）。

表 2-4　规格为 0. 48mm 隔离膜相关指标

厚度/mm	0. 48	项　目	横向	纵向
克重/g · m^{-2}	1005	抗张强度/MPa	9. 142	5. 935
灰分/%	67. 57	断裂伸长率/%	4. 89	2. 6
比重/g · cm^{-3}	1. 7	抗张强度/MPa	10. 948	7. 107

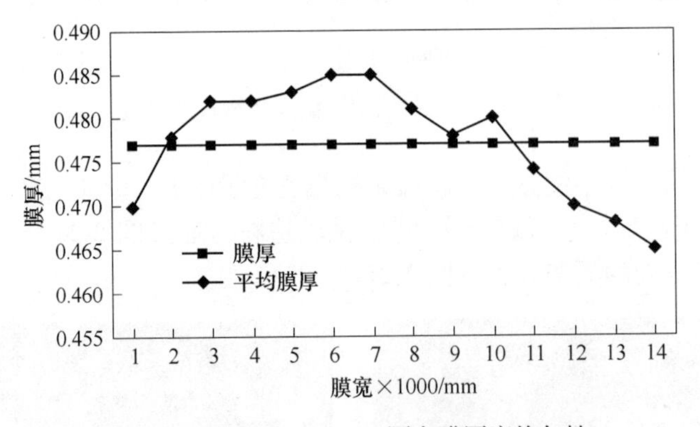

图 2-28　规格为 0. 48mm 隔离膜厚度均匀性

用规格为 0. 48mm 双层隔离膜组坯生产复合坯，制坯规格为 144mm×1500mm×10000mm，轧制规格为 6mm，金属压缩比为 24 倍。不锈钢、碳钢材料修磨处理后铺设隔离膜直接制坯见图 2-30，铺设隔离膜周期仅为 15min，制坯效率显著提升。该坯在炉卷轧机上按组坯轧制规格 6mm 完成轧制，见图 2-31。分卷追踪隔离效果：3mm 热轧不锈钢复合卷板产品，全卷 235m 无粘接分卷成功，该卷分卷时的表面宏观特征见图 2-32。

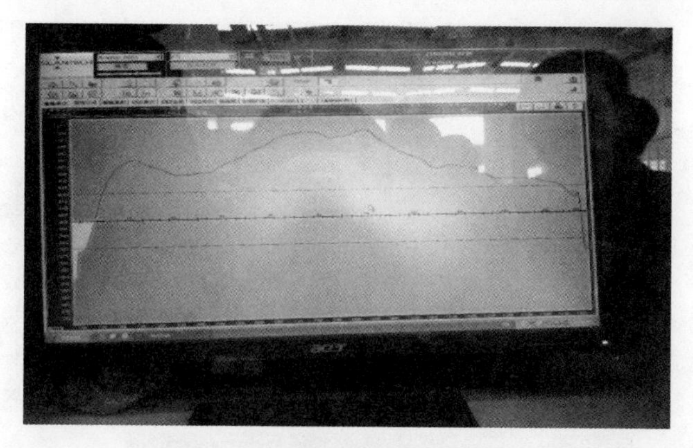

图 2-29 隔离膜在线厚度偏差监测

图 2-30 组坯铺膜

图 2-31 隔离膜组坯轧制

采用隔离膜生产复合坯，制坯规格为 144mm×1500mm×10000mm 在热连轧轧机上轧制，轧制目标分别为 4mm、3.2mm，热轧产品金属压缩比高达 36 倍、45 倍。分卷检查隔离效果：分卷后为 2mm、1.6mm 热轧不锈钢复合卷板产品板面隔离剂分布均匀，表面质量优异，全卷无粘接分离。

图 2-32　开卷板面

经过隔离膜工业化生产及制坯生产实践证明，隔离膜具有优良的防粘隔离效果，新型隔离膜满足热轧不锈钢复合材料炉卷轧机、热连轧轧机轧制要求，生产的不锈钢复合卷板产品质量稳定可靠。

2.7　不锈钢复合材料轧制工艺

2.7.1　不锈钢复合坯加热和轧制温度控制

304 不锈钢的热加工塑性温度区间为 930～1280℃，Q235 的热加工塑性温度区间也为 930～1280℃。为了有利于两种金属通过热轧达到相互间的原子扩散，结合两种材料生产的加工热塑性温度特点，在实际生产中，复合坯温度选择上限为 1200～1280℃，温度加热控制见表 2-5。

表 2-5　复合坯热轧加热控制

板坯目标温度/℃	加热段/℃	均热段/℃	总加热时间/min
1250±20	1230～1270	1220～1250	≥180

2.7.2 不锈钢复合坯除鳞

复合坯加热温度及轧制温度不同于一般普碳钢，除鳞速度过快或除鳞压力过高会使复合坯温度降低过多，不能满足轧制温度要求。如果除鳞速度过慢或除鳞压力过低则会有氧化皮残留不能保证复合板表面质量。经过理论推算和相关试验，最终掌握炉温除鳞工艺技术要点，不锈钢复合坯的除磷工艺参数控制见表2-6。

表2-6 复合坯除鳞工艺控制

复合坯规格/mm	除鳞速度/$m \cdot s^{-1}$	除鳞压力/MPa
>7000	0.8~1.0	15~22
<7000	1.0~1.2	14~20

2.7.3 轧制数学模型的建立

2.7.3.1 双机架炉卷轧机自动控制系统

炉卷轧机控制系统由VME框架构成的一级控制系统和由ALPHA计算机构成二级控制系统组成。其中，ALPHA计算机二级控制系统采用OPEN VMS交互式虚拟存储操作系统，应用FORTRAN语言进行编程。FORTRAN是英文Formula Translation的缩写，是为科学、工程问题中复杂数学公式的计算而设计的计算机语言，是数值计算领域所使用的主要编程语言。炉卷轧机一级控制系统和二级控制系统结构如图2-33所示。

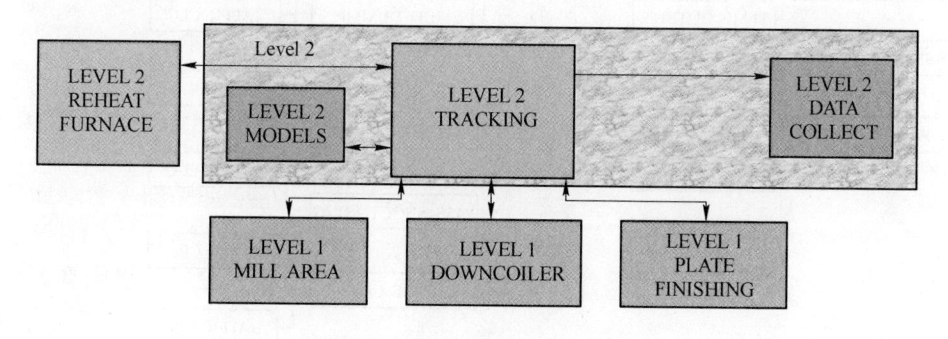

图2-33 炉卷轧机控制系统结构图

2.7.3.2 双机架炉卷轧机数学模型组成

应用于炉卷轧机的ALPHA计算机，除了具有OPEN VMS操作系统的TCPIP

管理、系统管理、远程终端通讯等，在整个轧钢过程中应用了26个过程模型。这些过程模型把从钢坯上料开始，加热出炉、轧制过程、成卷送出的整个过程的钢坯温度，每一个道次压下量、轧制力、锥形轧制力、带钢长度、控制冷却、轧制速度，每一块钢的轧制数据及主要设备的工作状况都进行监控管理。过程控制模型中还包括压下量分配模型、轧制力模型、温降模型、轧辊模型、板形控制模型、CTC等热轧数学模型等。图2-34为压下量分配模型结构图。

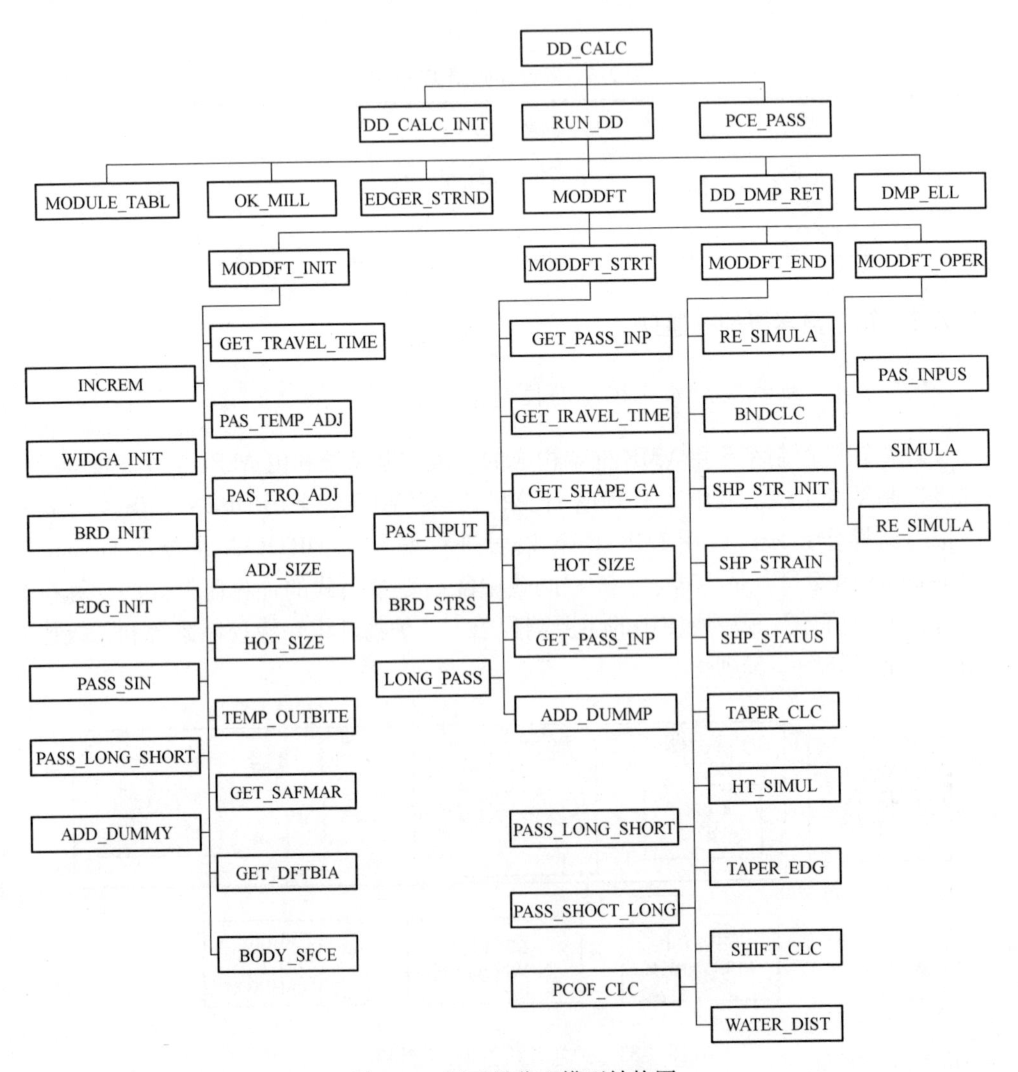

图2-34　压下量分配模型结构图

压下量分配模型中涉及了轧制力模型计算、弯辊模型、板形模型、温降模型等子模型的调用和计算。图2-35为每一个道次模型压下量计算过程。

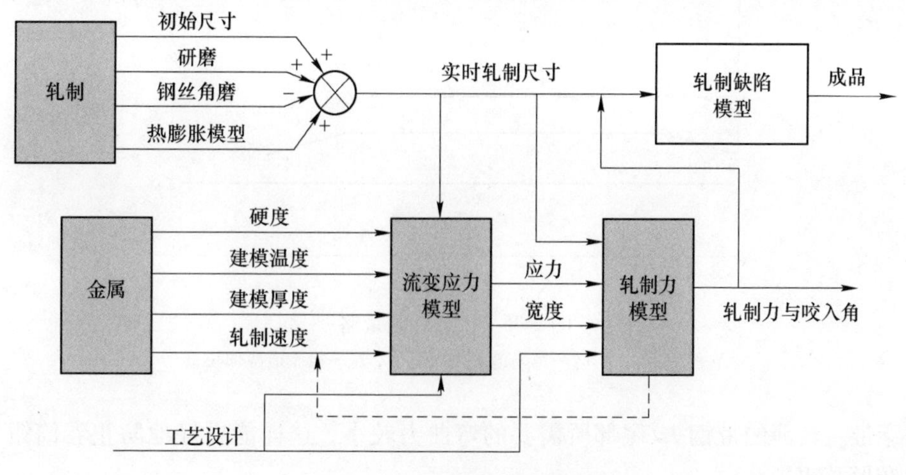

图 2-35 每道次模型计算过程

2.7.3.3 锥形轧制模型的研究和优化

为保证不锈钢复合卷板覆层厚度的均匀性，对不锈钢复合卷板的厚度公差、表面质量、板形质量提出了相应的要求。复合板坯采用不锈钢、碳钢对称加工制作，因此需结合不锈钢、碳钢两种材料的变形特性、工艺要求和用户使用要求以及炉卷轧机的工艺特点对不锈钢复合材料轧制的数学模型进行开发与研究。

锥形轧制是专为炉卷轧机补偿带钢头尾两端的低温而设计的，其目的是沿着钢卷的整个长度方向上能实现一致的凸度良好的板形。在卷取期间，沿带钢的长度方向上热损失是不一样的，带钢的温度变化从中间的最大变到两端的最小。对于薄产品的带钢头尾温差可能超过 100℃。在带钢两个端部，较大的温度差会导致较高的轧制力，有时轧制力是中间部位的 2~3 倍。带钢头尾两端的高轧制力会产生较大的板凸度和不良板形。仅仅使用弯辊力往往不足以弥补如此巨大的板形差。同时，带钢尾部的高轧制力可能也会导致甩尾后工作辊迅速关闭，这种反复的碰辊可能会导致对工作辊的冲击，甚至会造成内部裂纹，并逐渐导致工作辊剥落。随后冲击的辊痕也同时会烙印到带钢表面。

通过改变沿带钢长度方向压下量的锥形轧制设计是为消除辊痕造成的不良效果。在前面几个道次将工件的两个端部预轧制到一个比中部较薄的厚度，以便在最后几个道次对两个端部允许用较小的压下量。轧制模型为带钢的头尾两端计算出合适的锥度厚度和长度，实质上是为带钢的两端生成独立的轧制表，以保持两机架间一致的金属流量。锥形轧制策略如图 2-36 所示。

每个道次的两次压下与厚度锥形轧制技术相结合，使第一个卷取道次时能够让带钢的头/尾较薄地进入卷筒。较薄的带钢头/尾能更顺利及更可靠地进行卷筒

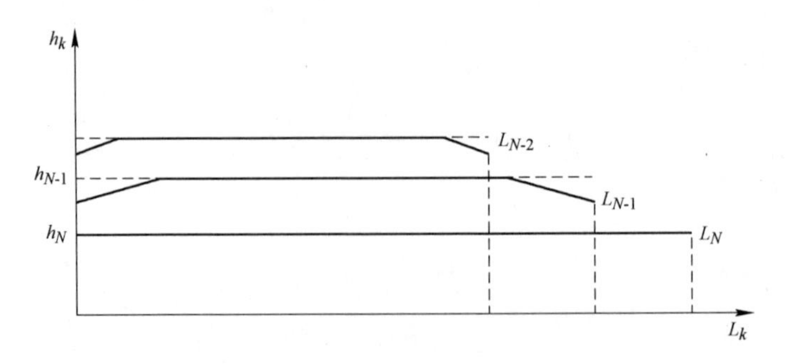

图 2-36　锥形轧制策略

N—最后道次；h_k—第 k 道次出口厚度；L_k—第 k 道次伸长量

的穿带。较薄的带钢头/尾部所需要的弯曲力较小，这样能更好地防止卷筒钳口的变形及边裂。

2.7.3.4　复合卷板轧制弹跳规律

复合板在室温下的厚度与热轧辊缝开度存在偏差。辊缝开口度大于 40mm 时，复合板在室温下的厚度小于辊缝开口度，辊缝开口度小于 40mm 时，复合板在室温下的厚度大于辊缝开口度。如图 2-37 所示。

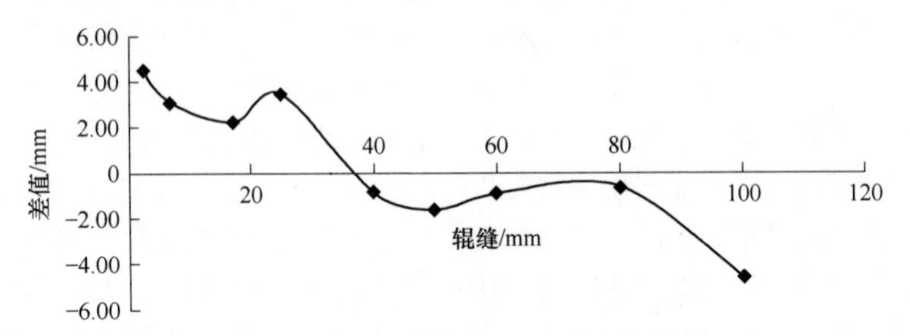

图 2-37　辊缝-冷态板厚与辊缝差值变化规律

辊缝-冷态板厚与辊缝差值变化规律受 3 个因素共同影响。因素 1：轧辊轴承座、轧机机架等机械设备间存在间隙，轧制过程中受轧制力的反作用力消失使得承载辊缝增大、板厚增加；因素 2：轧机机架、轧辊、轧件等在轧制时轧制力的反作用力作用下发生弹性变形，机架及轧辊由于弹性变形使得承载辊缝增大，轧件由于轧制时的弹性变形和轧后的弹性恢复使得复合板厚度在轧制力消失后增大；因素 3：复合板轧制时处于高温状态，轧制结束后温度逐渐降低到室温，由于热膨胀效应的存在，温度降低时其厚度减小。

终轧厚度规格较大时，一方面，复合坯仅经过两个道次的轧制，其终轧温度较高，此时金属塑性较好，轧制力较小，弹性变形及弹性恢复较小，因素 2 起次要作用；另一方面，复合坯终轧温度较高，终轧厚度规格较大，而材料的线性收缩量与其原始尺寸和温度差成正比，因此复合板此时冷缩效应明显，因素3起主要作用，最终导致复合板冷态厚度小于终轧道次设定辊缝值。随着终轧道次厚度减小、轧制道次增加、终轧温度降低，因素3起次要作用而因素2起主要作用，最终导致复合板冷态厚度大于终轧道次设定辊缝值。

综上所述，在轧制厚度较小时，轧制温度较低、轧制力较大，因素3的影响程度极小，复合板的厚度偏差主要为因素1和因素2影响的结果。

若热轧试验机组机架间的机械间隙为 a，机架的刚度系数为 k，有式（2-2）的关系：

$$\Delta d = 1/k + a \tag{2-2}$$

表2-7为终轧道次设定辊缝小于25mm时的各项试验数据，用此数据做回归分析，并拟合线性回归曲线及回归方程如图2-38及式（2-3）所示。

$$y = 0.0098x + 1.2831 \tag{2-3}$$

比较式（2-2）和式（2-3）可知：$a = 1.2831\text{mm}$，$k = 102\text{t/mm}$。

表2-7　终轧道次设定辊缝小于25mm时的各项试验数据

辊缝/mm	冷态板厚/mm	Δd/mm	轧制力/t
25	28.46	3.46	170
17	19.23	2.23	120
6.6	9.72	3.12	215
2.3	6.85	4.55	332

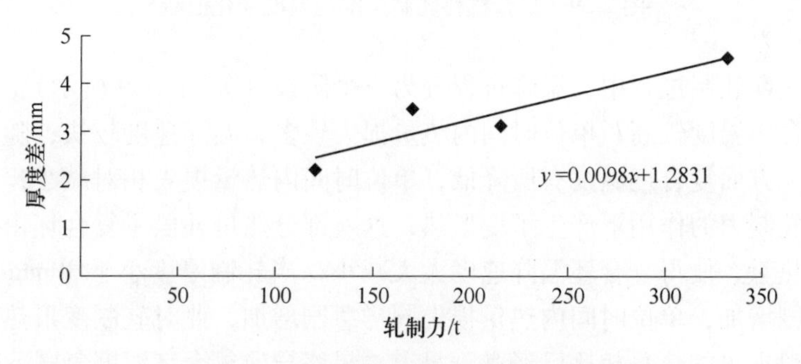

图2-38　不锈钢复合材料轧制弹跳曲线

2.7.4　轧制过程控冷模型的优化

炉卷轧机由于工艺上有两台卷取炉的存在，炉卷轧机的温降模型比热连轧机的温降模型更为复杂。炉卷轧机温度变化过程归结为以下几个基本环节：(1）带钢（钢坯）在辊道上或机架间传送时在空气中的辐射温降。(2）高压水除鳞时的温降。(3）轧制道次间，机架冷却水对带钢的温降。(4）轧制过程中，轧件塑性变形产生的热量和高温轧件与轧辊接触时的热损失。（5）热卷取炉对带钢的加热保温效率。

针对炉卷轧机可逆轧制的工艺特点：薄规格带钢经过7~9道次反复轧制，尾部暴露在空气中时间长及受机架间冷却水的影响较大，辐射和对流损失热量大，温降过快。而受带尾抛钢速度不能太快的限制，又不能采取传统热连轧机升速轧制的手段克服它。因此，炉卷轧机带尾温降过快的问题，不能彻底解决。只能通过多方面的控制手段，使带钢尾部温度较低的部分长度尽可能缩短，以减少损失。

试验轧制过程中，对每组复合坯在每个道次的温度进行了现场测量，复合坯在轧制过程中其温度随厚度减小而降低，当厚度大于30mm时，温度随厚度减小而降低的速度比较缓慢，当厚度小于30mm时温度随厚度减小而降低的速度急剧增加。温度随厚度降低的规律见图2-39。

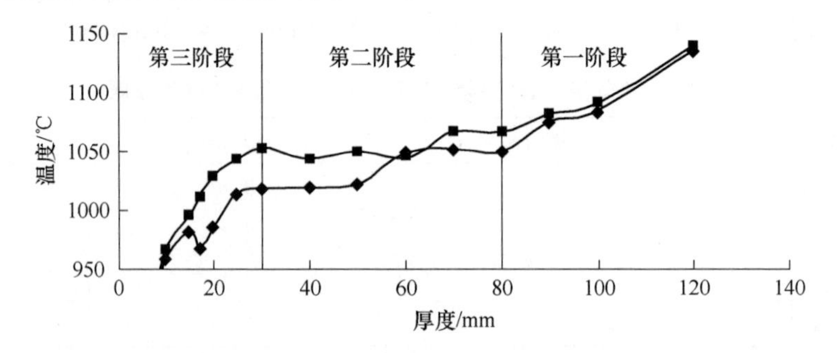

图2-39　复合材料轧制厚度与温度变化曲线

复合坯在轧制过程中，温降过程分为三个阶段（如图2-39所示）：当厚度较大时，复合坯温度较高，单位时间内热量损失较多，温降速度较快；随着轧制道次增加，一方面复合坯温度有所降低，单位时间内热量损失相对减小，另一方面复合坯在轧制力的作用下产生了变形热，这一部分热量补偿了复合坯由于热辐射而损失的热量，使得复合坯温降速度大大减小；当轧制厚度小于30mm后，复合坯面积急剧增加，单位时间内热量损失同样急剧增加，此时轧制变形热补偿的热量与热辐射损失的热量相比已经微不足道，最终导致复合坯温度急剧下降。

对复合坯轧制过程中的温度和表面积做曲线拟合，发现两者之间满足对数关系（如图2-40所示），其关系为：

$$T = -59.073\ln A + 963.05 \tag{2-4}$$

式中　T——复合坯在轧制过程中的温度；

　　　A——复合坯在轧制过程中的面积。

根据轧制过程中温度与厚度、面积关系，在复合材料轧制过程中采取了下述措施以改善带尾部温降过快的问题：（1）温降模型采取“卡两头分配中间”的

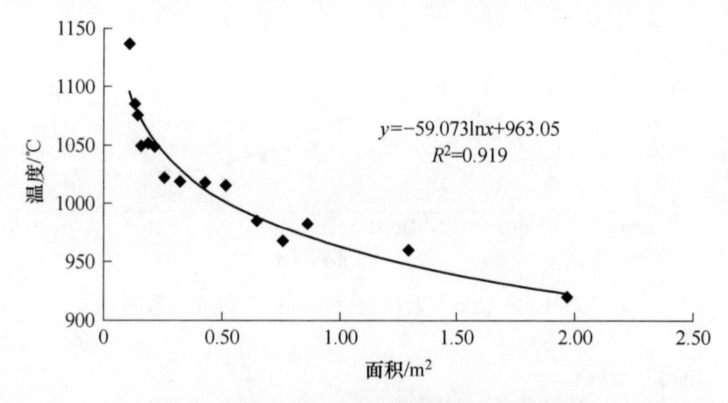

图 2-40 复合材料温度-复合坯面积关系曲线

方法，利用轧机两端测温仪的实测温度反馈，不断校正综合冷却系数，并通过温降公式分配各道次的温降，确定各道次间的带钢温度。（2）优化温降模型中温降方程计算公式，加入轧制热能传递补偿系数。使温降模型更趋于合理。（3）调整轧机出入口测温点位置，保证各道次温度测量数据的准确性，利于模型的精确计算。（4）轧制过程中 8~9 道次，对各机架影响轧机冷却水流量的轧机层流、轧机除鳞和 FRIT 喷嘴集管开启道次、数量、时间（或长度）调整，减少带尾的温降速度。必要时，人工进行干预，关闭末道次时轧机冷却水，确保精轧和终轧温度以及带钢全长终轧温度的均匀性。（5）将热卷取炉炉温对带钢温度的影响纳入温降方程的计算，提高计算公式的准确性。

2.7.5 轧机数学模型自动控制的优化

数学模型采用成熟的轧制理论和现成的公式来计算变形抗力、轧制力、扭矩和温度损失。使用有限元分析法来计算在所需的负荷下轧辊的偏移和预测工作辊（咬钢时）的辊形。当然，工作辊热凸和磨损及工作辊和支撑辊之间冲击力的分配也是考虑之列。

轧机由于受其机架强度、轧辊强度、主要零件设备强度、电机功率等因素影响，均会存在最大允许轧制力。如果轧制过程中轧制力过大将会威胁轧机设备安全，同时将会影响轧制的稳定性，出现严重跑偏、断尾等轧制事故。因此，轧制过程中的最大轧制力不可高于轧机允许的最大轧制力。

对复合坯在轧制时各道次的温度、轧制力进行系统测量，复合坯在轧制时各道次的变形抗力及温度趋势见图 2-41 及复合材料与 Q235 热轧变形抗力见图 2-42，变形抗力随轧制温度降低而急剧增大，但是当轧制温度降低到 950~980℃左右时，变形抗力突然急剧减小，之后随轧制温度继续降低，变形抗力持续增大。

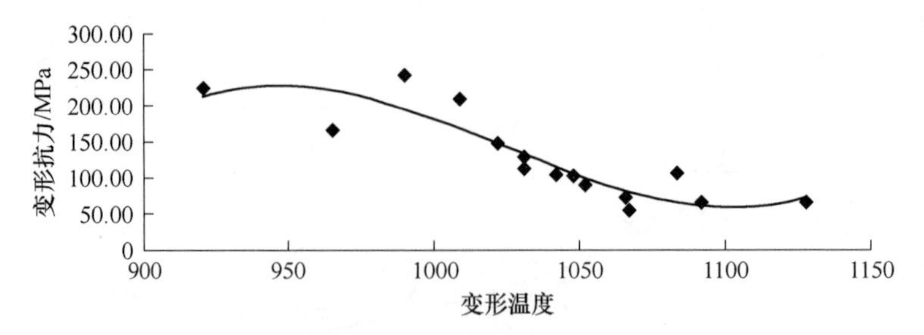

图 2-41　不锈钢复合材料变形抗拉与温度关系图

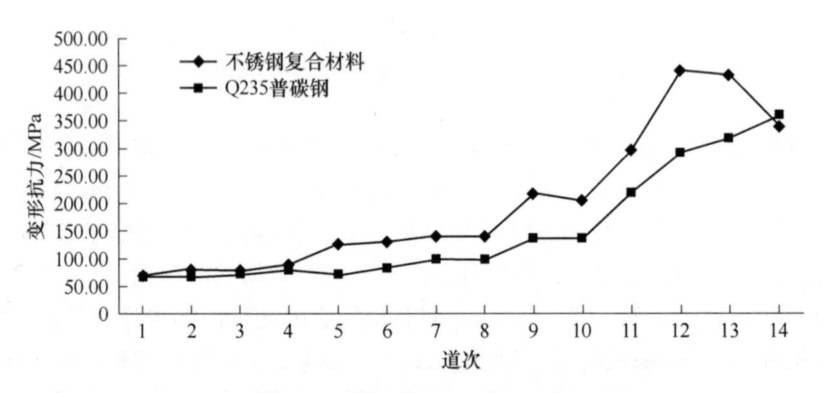

图 2-42　不锈钢复合材料与 Q235 各道次热轧变形抗力

金属塑性变形抗力的大小，决定于金属的化学成分、金属的组织、加工温度、变形速度、变形程度，以及相关的各个过程，如加工硬化、再结晶、动态恢复、静态恢复等。温度是对变形抗力影响最为强烈的一个因素。

在试验轧制过程中，复合坯在各个道次的变形程度和变形速度不同，变形温度持续降低，温度高于 950~980℃左右时，变形抗力随温度降低而明显增大，说明变形温度是影响变形抗力的主要因素。变形抗力在 950~980℃左右出现拐点具体原因和机理有待进一步研究。

图 2-43 为轧制过程中电流值与压下率的关系，图 2-44 为实际轧制的测量数据。从数据中可以看出，优化调整后的轧制表数据提高了预测精度，特别是进入精轧道次的数据。

经过项目组的研究和大量相关试验基本掌握了这些规律，并逐渐修正了轧制数学模型，到目前为止数学模型成熟，轧制稳定。

2.7.6　板型/厚度控制技术模型的优化

对不锈钢复合卷板的厚度公差、表面质量、板形质量提出了相应的要求。特别是采用两种热膨胀系数（其两种材料的热膨胀系数见图 2-45）不同的不锈钢、

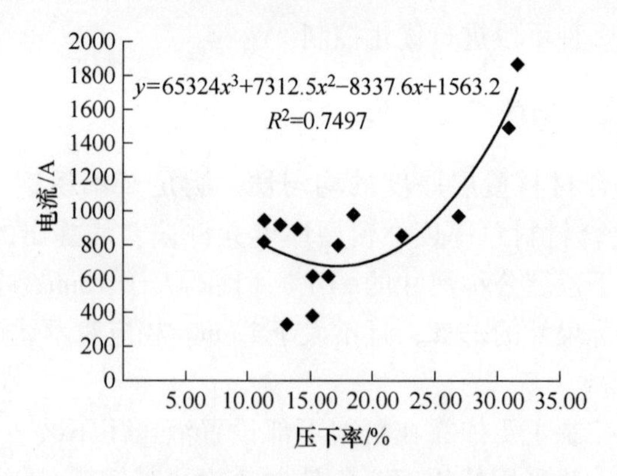

图 2-43 复合材料轧制电流值与压下率关系图

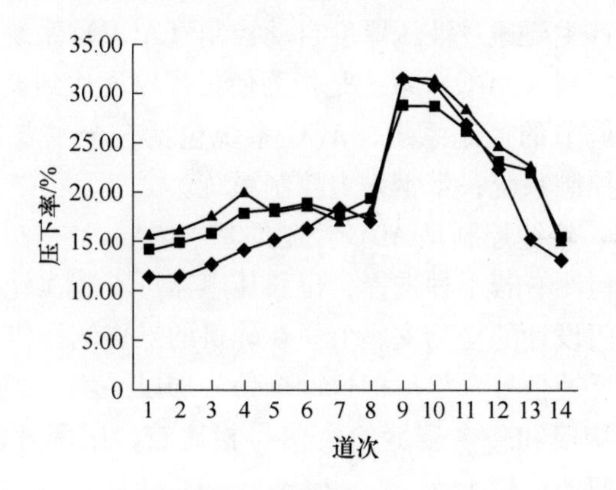

图 2-44 复合材料轧制各道次压下率

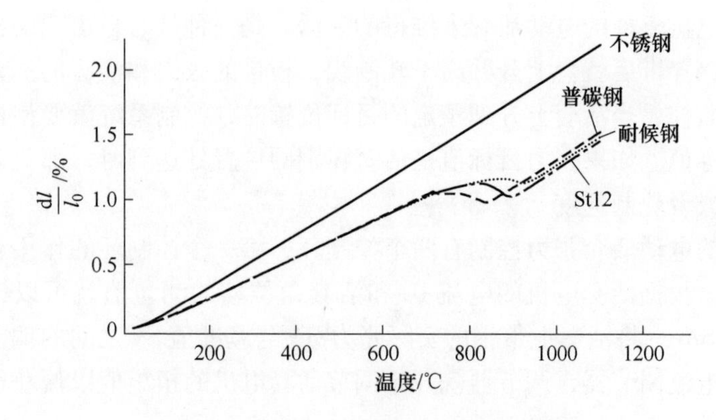

图 2-45 不锈钢、碳钢材料线膨胀系数图

碳钢材料复合加工而成的不锈钢复合板，结合不锈钢、碳钢两种材料的变形特性、工艺要求和用户使用要求根据炉卷轧机的工艺特点，板形控制除采用锥形轧

制策略外，还采用多种手段进行优化控制。

2.7.6.1　厚度控制的模型优化

保证不锈钢复合材料覆层厚度的均匀性，满足《不锈钢复合钢板和钢带》（GB/T 8165）对复合材料总厚度、覆层厚度允许偏差均提出的严格要求：Ⅲ级产品覆层厚度不大于覆层公称尺寸的±10%，且不大于1mm；Ⅰ、Ⅱ级产品覆层厚度不大于覆层公称尺寸的±9%，且不大于1mm。相应对不锈钢复合卷板板型质量提出一定的要求。

炉卷轧机厚度控制主要依靠在机架下部设置液压压下装置，进行反馈/前馈液压厚度自动控制，并采用轧辊偏心、轧制速度、带钢头/尾补偿等功能；在机架上部设置电动压下装置，并通过环形压力传感器对轧制力进行精确测量，以精确控制带钢厚度。其主要通过液压厚度自动控制（AGC）系统。

液压厚度自动控制（AGC）系统是指为使板带厚度达到设定的目标偏差范围而对轧机进行在线调节的控制系统，AGC系统包括三个主要控制系统：辊缝控制系统；轧制速度控制系统；带钢张力控制系统。

（1）辊缝控制。辊缝控制是AGC控制的基本内环，它与其他AGC模式一起使用。辊缝位置的检测有若干种选择，位移传感器可安装在轧机压上油缸上、轧机弯辊油缸内或专门设计的检测支座上。在轧机的操作侧和传动分别有两个或两组传感器获取位置反馈信号，然后把这两个信号加以平均，产生一个代表中央位置的信号，这个平均值和一个辊缝给定信号相比较，用两者的差值来驱动伺服阀，调整压上油缸使差值趋于零。

（2）双机架轧机机架间的张力控制。双机架往复式轧机中，机架间的张力通常是通过电机驱动的电动活套来维持的。活套是一种带有自由辊的机构，这个自由辊在带钢穿带后就会上升并高于轧制线，板带的张力和活套的上升情况都受计算机连续监控，当活套上升到预定的目标位置时，控制系统就要使机架间的张力达到其目标值。如果张力目标值是活套在别的位置处达到时，那就要调节相邻机架的辊缝或者轧制速度。

机架间的电动活套张力控制有两个控制环，第一个控制环的作用是保持板带张力S不变。根据活套电机的电流IL和活套角位移的测量值就可以计算出带钢的实际张力SAe。将活套上带钢的实际张力SA与基准值Sx之间的偏差信号送到活套电机的电流调节器，调节器就开始调节活套电机的扭矩值以便获得带钢张力的目标值。

双机架轧机的厚度偏差控制采用了反馈法和前馈法。在反馈法中，厚度控制系统在机架出口处测量带钢厚度偏差值并把它作为反馈信号，目前使用的测厚仪AGC系统，来自厚度监视器的反馈信号提供一个纠正信号以补偿测厚仪AGC系统的不完善。而前馈控制器则需要厚度检测器来检测轧机入口侧带钢厚度。由于入口处测厚仪离辊缝有一段距离，因而要把所测的入口处带钢厚度偏差值送到数据处理器中，以便计算出带钢从测厚仪到开始进入辊缝这么长距离所需的滞后时间，然后又根据厚度偏差值来液压缸的位置进行控制。

(3) 轧制速度控制系统。轧制过程中，控制系统根据轧制表自动对辊缝、轧制速度和往复程序进行顺序控制，第二级计算机系统对每一块产品的生产过程进行动态计算和监控。HAGC：监控轧制力，X 射线侧厚仪不断反馈厚度信息，以便控制系统不断实时调整辊缝，使产品厚度保持一致。通过对轧辊的磨损情况、热凸度、产品温度、厚度和钢种进行连续监控，使板形保持良好。所反馈的数据又用于计算下一道次的程序，以优化最终厚度、凸度和板形。第二级计算机装有数学模型，用于编制轧制表。储存了大量的历史数据。

厚度控制模型根据炉卷轧机厚度控制系统特点，对系统进行了优化，不断采集数据，逐步修正厚度自动控制，提高模型计算的准确性。根据不同的不锈钢覆层、碳钢基层材料化学成分、强度，确定系数参数。

2.7.6.2 板形控制方法

双机架紧凑式炉卷轧机使用的板形控制工艺方法主要有：初始轧辊配置即设定合理的轧辊凸度，直接改变辊缝形状；优化规程，分配压下量时考虑板形；根据辊温及磨损，合理安排不同规格产品的轧制顺序；分段冷却（即调节冷却剂供给量及其沿横向分布），以控制轧辊热凸度。在不锈钢复合材料轧制生产中，采用传统计算方法、有限元计算（采用大型通用有限元软件 MSC. Marc、经验估计与对比三者相结合的设计流程设计计算轧辊辊型）。

炉卷轧机有两级计算机控制系统，提供了在线计算和修正数学模型，使带钢张力保持一致，起到了改善板形的作用。

通过模型的优化，使不锈钢复合卷板的厚度得到较高精度的控制，使钢带厚度偏差满足 GB/T 709 和覆层厚度偏差控制要求满足 GB/T 8165 相关国家标准要求。以 1.6mm、3.0mm 和 6.0mm 的不锈钢复合板为例。其长度或宽度方向的厚度偏差均满足 GB/T 709 中的相关要求，具体数值见图 2-46~图 2-49。

2.7.7 层流冷却卷取温度控制模型

卷取温度控制的预设定模型是根据模型所需要的边界条件（终轧温度、厚度、速度、卷取温度、冷却水温度）的设定值信息，自动选用冷却方式和喷水模式等冷却工艺参数，计算要达到目标卷取温度所需要的喷水阀门个数和起始阀门位置及喷水集管开取和关闭的组合，并进行最大冷却能力校验，最后把设定值传递至基础自动化系统做准备。层流冷却系统本身是一个大滞后、多变量、强耦

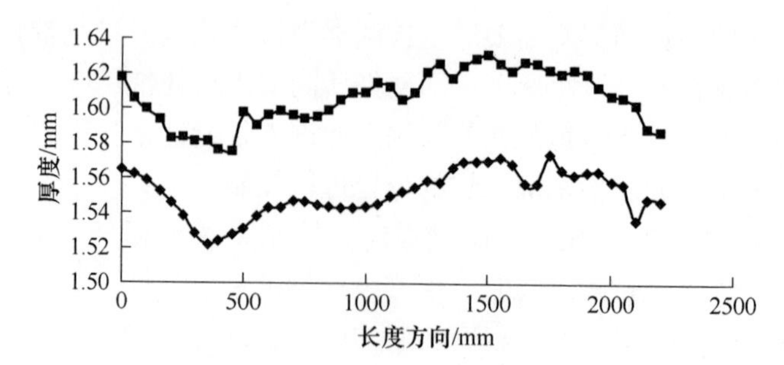

图 2-46　1.6mm 不锈钢复合板长度方向厚度变化

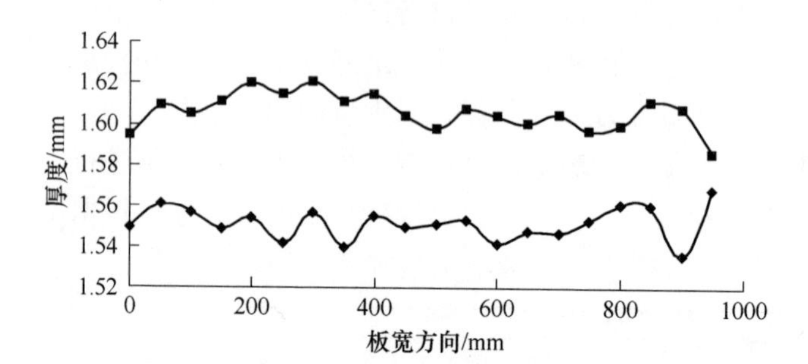

图 2-47　1.6mm 不锈钢复合板宽度方向厚度变化

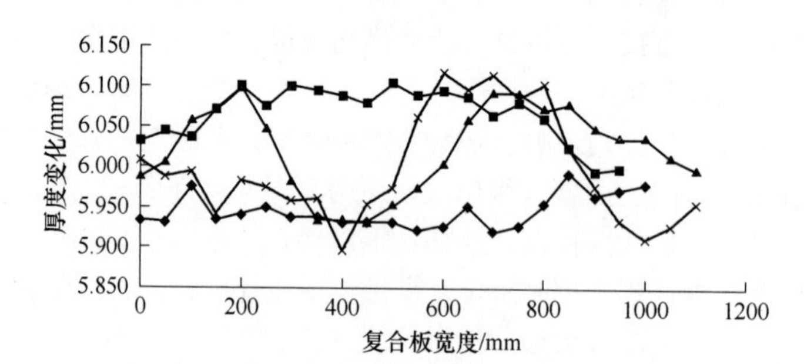

图 2-48　6mm 不锈钢复合板宽度方向厚度变化

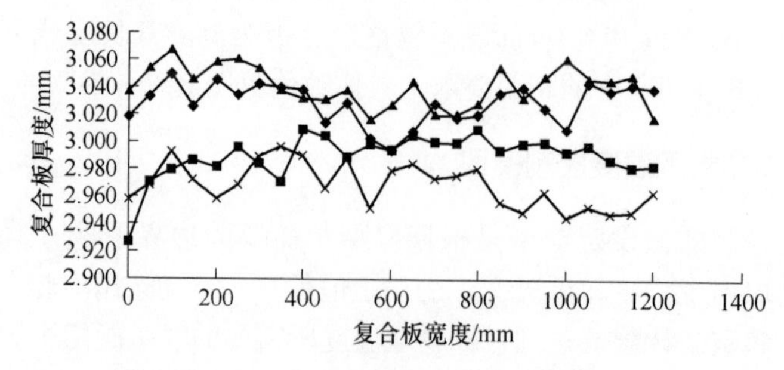

图 2-49　3mm 不锈钢复合板宽度方向厚度变化

合、强非线性的复杂系统，难以建立精确的数学模型，故控制系统的预设定模型采用基于现场实测数据的统计模型，即按照不同材质、不同厚度规格的带钢分别进行统计，获得一组对应情况下的参数的最佳值作为模型。

炉卷轧机层流冷却系统包括35个上集管和80个下集管。控制系统自动地选择所需的喷射模式，以达到要求的冷却速率。冷却模型为带钢穿带、运行、甩尾单独计算轧制表，并留有必要的过渡辅助性段，以便层流冷却控制系统能及时地做出反应以改变带钢的冷却速度及温度。二级数学模型给出的是在设定值条件下的集管开闭组合，但是带钢进入层流冷却区时的实际温度、厚度、速度是实时变化的，因此为了消除带钢自身边界条件与其设定值的偏差对卷取温度的影响，需要对预设定模型进行前馈补偿。其补偿方法为：带钢出精轧末机架获得实测边界条件后，结合对带钢样本段的微跟踪信号对预设定模型进行修正，即沿带钢长度方向分段控制，消除边界条件的波动对控制结果的影响。其计算公式如下：

$$\Delta N_{\mathrm{ff1}} = R_i(V_{\mathrm{a}} - V_{\mathrm{s}}) \tag{2-5}$$

$$\Delta N_{\mathrm{ff2}} = \alpha_1 \frac{H_{\mathrm{a}} V_{\mathrm{a}}}{Q_2}(T_{\mathrm{fa}} - T_{\mathrm{fs}})\alpha_2 \tag{2-6}$$

式中 ΔN_{ff1}——速度波动的补偿值；

ΔN_{ff2}——终轧温度波动的补偿值；

V_{a}，H_{a}，T_{fa}——速度、厚度、终轧温度的实测值。

预设定模型及前馈模型知识给出了要把带钢冷却到目标卷取温度理论上应该打开集管的个数，而不能保证带钢实际上一定会达到目标卷取温度，同时，冷却过程中也存在不可控的随机干扰量，为了把带钢全长的实测温度都控制在要求的精度范围内，需要根据层流冷却区出口处的高温计的实测值进行反馈补偿。其补偿方法：当带钢到达卷取测温仪后的实测卷取温度后，根据其与设定值的偏差，反馈回一个控制信号，相应地调节精度区喷水集管的开闭状态。

由于炉卷轧机采用的是可逆轧制，在道次转换时会导致与辊道接触部分的带钢头尾温降过大，带钢经精轧及层流冷却区冷却后由于温度降低，尤其是轧制薄规格不锈钢复合钢带，容易引起卷取温度反馈控制的震荡，对实测的卷取温度进行滤波处理，即对检测到的最近 n 个数据取平均值，之后再用于反馈控制。通过控制，不锈钢复合钢卷取温度命中率大大提高，复合钢带全长的冷却均匀性也得到改善。

图2-50为复合钢卷在模型优化后的生产过程监控界面截取图。最左边的上下震荡的虚线、实线代表了中心测厚仪及板形仪的适时反馈数据，板凸度及板形均控制在正常范围内。左边第二张表指该卷钢的终轧温度曲线，表示除带钢头尾部终轧温度略有波动外（在工艺要求范围内），其全长温度均匀。左边第三张表接近直线的实色线条代表带钢的宽度尺寸，其波动范围仅在±5mm之间。第四张

表指的是实测卷取温度变化，图中除带钢尾部卷取温度略低于设定值外，带钢全长控制冷却温度稳定、均匀。

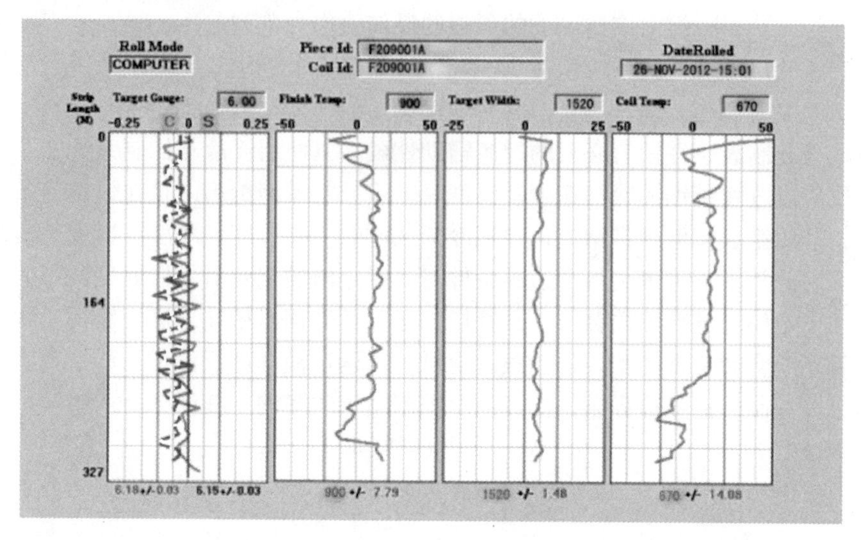

图 2-50　不锈钢复合材料厚度、终轧温度和卷取温度控制在线测量值

2.8　热轧不锈钢复合卷板分卷工序

随着热轧不锈钢复合板卷的制坯、轧制工艺技术研究的深入，如何将对称不锈钢复合板分卷，成为新的课题。国内不锈钢复合板行业产品重要集中于中厚板产品，复合卷板的分卷技术、分卷设备的开发研制史无前例，分卷工艺技术成为不锈钢复合板卷市场化的关键一步。

2.8.1　工艺技术方案的研究

对称热轧不锈钢复合板卷的基层材料和不锈钢覆层材料冶金结合在一起，轧制的不锈钢卷板在隔离防粘剂的作用下，形成上下两层复合卷板。其示意图见图 2-51。

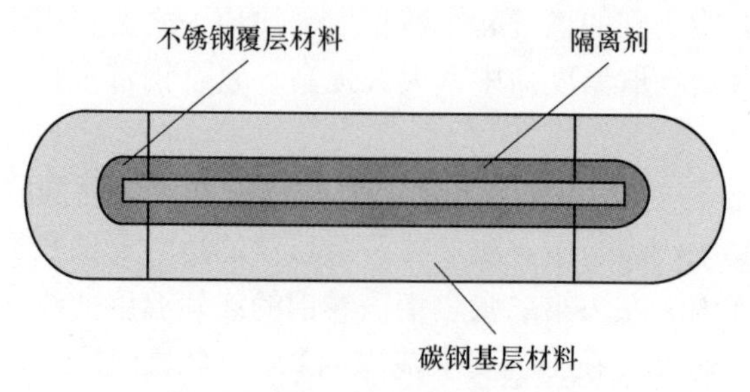

图 2-51　撕分前不锈钢复合板示意图

要实现将轧制的半成品分成两个复合卷，生产线必须能对热轧不锈钢复合原料卷进行纵剪切边卷取，同时对上下两层不锈钢复合板进行不间断的撕分、卷取；为保证热轧不锈钢复合卷板产品质量，整个生产线的四台卷取机（废边卷取机、两台板材卷取机）的速度必须运行平稳，同步卷取以保证对复合板的表面不产生任何质量损伤。

整条复合卷板生产工艺由两段组成。前段必须具备的功能：开卷—矫平—切头—修边。后段必须具备的功能：撕开—分层—卷取。前段与普通的板带开卷线大致相同，重点在于实现上下层复合卷板的撕开—分层—卷取。

2.8.1.1 分卷工艺流程

准备 → 开卷 → 引料 → 粗矫直→ 切头（尾）→ 圆盘剪修边→ 辅助撕分及分层引料 → 双层分路建张 → 双层分路复卷，其示意图见图 2-52，整条生产线的实体见图 2-53。

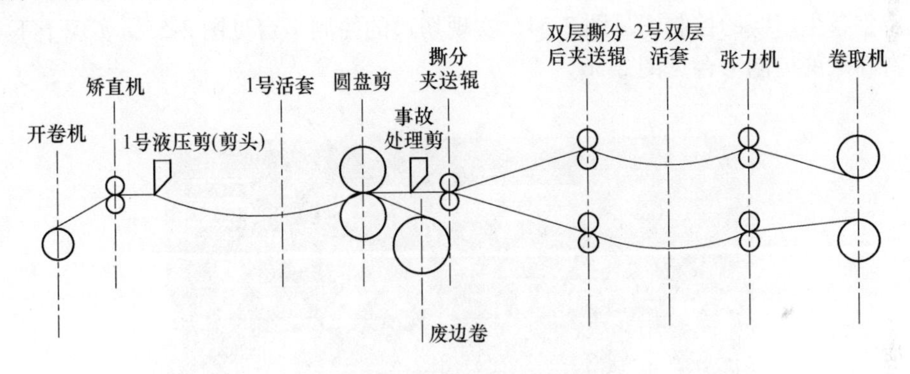

图 2-52 生产工艺设备示意图

图 2-53 国内首条不锈钢复合板分卷生产建成投产

整体工艺流程由开卷、粗矫直、切头尾、修剪焊接边、卷取等环节组成，总体上与成熟的带钢纵剪线有许多类似之处。为满足现行市场需求及今后以薄板为主的发展方向复合板卷撕分前厚度范围为3～16mm，分卷后为成品卷1.5～8mm。

2.8.1.2　生产控制参数

原料重量：≤25t，卷芯直径：610～760mm；
原料厚度：3.0～16mm，板宽：≤1600mm，纵剪修边量：单侧65～130mm；
生产穿带速度≤20m/min，生产速度60m/min（最大）。

2.8.1.3　成品卷参数

单层不锈钢复合板带（卷材）：厚度1.5～8mm；卷芯直径508 ～ 610mm。

2.8.2　工艺设备流程

整条生产线的控制图见图2-54，实现切边的控制平台见图2-55，实现上下卷材料卷取的控制平台见图2-56。

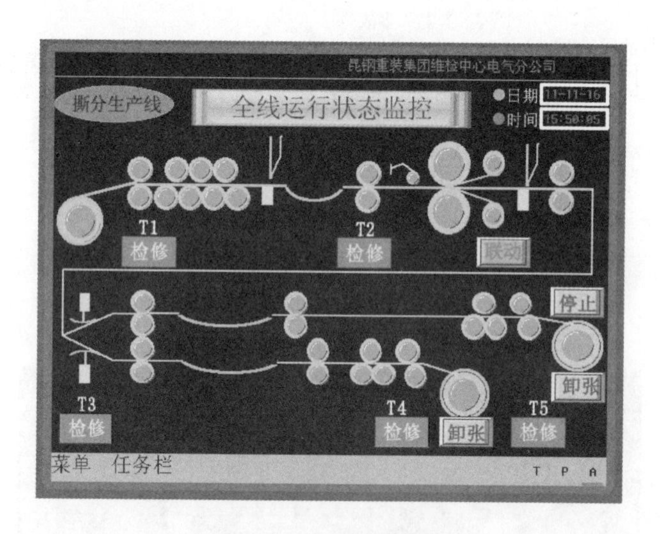

图2-54　分卷线控制图

上料装置—开卷机—夹送辊—五辊直头矫直机—横剪切头、尾—活套1—对中纠偏装置—夹送辊—纵剪修边—事故剪—夹送辊—撕分装置—双层加送辊—（分两条路线）：

第一条路线：上活套—上张力辊—上卷取机—下料装置；

第二条路线：下活套—下张力辊—下卷取机—下料装置。

分卷生产工艺控制难度：

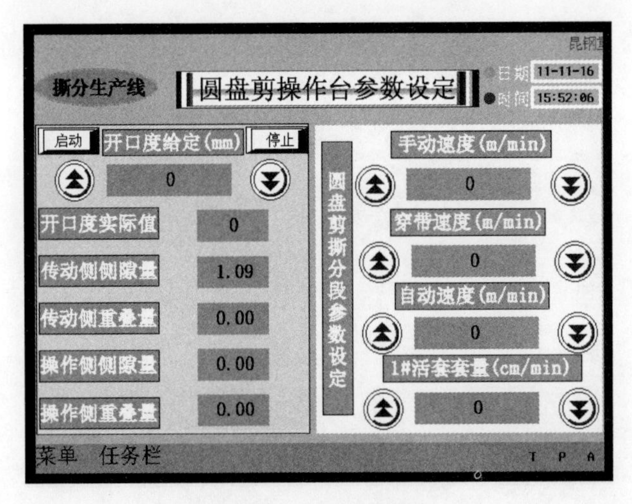

图 2-55 分卷切边控制

（1）纵剪切边量：复合板卷需切除热卷焊接边，单边为 65~130mm，大大超出纵剪线一般 10mm 左右（不超过 20mm）的修边量，加之厚度范围大，圆盘剪结构、强度及功率都需要重点考虑。

（2）边料的卷取：由于复合热卷切边量大，厚度规格为 3~16mm，剪切后边料扭曲严重，边料为便于回收利用必须成卷卷取。边料卷取线速度要与生产线保持一致。

（3）复合材料的分层与引料：两层复合材料的分离需要有特有的撕分、分层引料设备。需研发一种撕分设备，完成撕分、分层及引料工作。

（4）撕分后双层复合材料的卷取：上下层复合卷板卷取必须实现同步卷取控制；处理两台卷取机不同时开始卷取的问题；由于后续不同延伸加工要求不同，要实现“双向卷取”，即一套设备中可实现成品卷中不锈钢面朝内或朝外的选择。

（5）纵剪切边量-圆盘剪：边料剪切工艺采用两套两个圆盘状的上下剪刃旋转剪切钢板双边，与单层钢板剪切相比有几个难点：

1）圆盘剪水平间隙（侧隙量）的大小取决于被剪钢板的厚度和强度，由于复合板的板厚跨度范围大，内外层钢板强度不一，这就要求圆盘剪侧隙量的控制特别精准，两台圆盘剪误差较小。

2）复合材料卷板规格为 3~16mm，圆盘剪上下剪刃的重叠量随着被剪钢板的厚度变化而变化，但圆盘剪重叠量从剪切 3mm 到最大 16mm 不是完全成线性变化，重叠量在中间值时成线性但在两端有误差，特别是在薄板时剪切难度更大。

为了达到较好的剪切效果，圆盘剪采用主动剪工作方式，经过对圆盘剪机械参数和机械性能的综合全面系统分析，圆盘剪共 5 个调整量，操作侧侧隙、传动

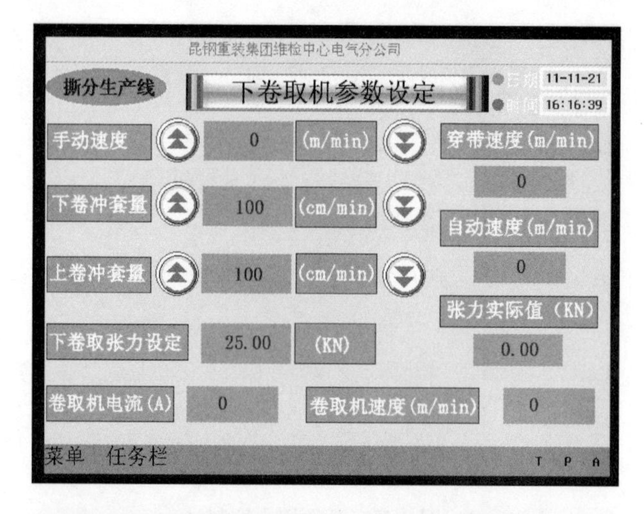

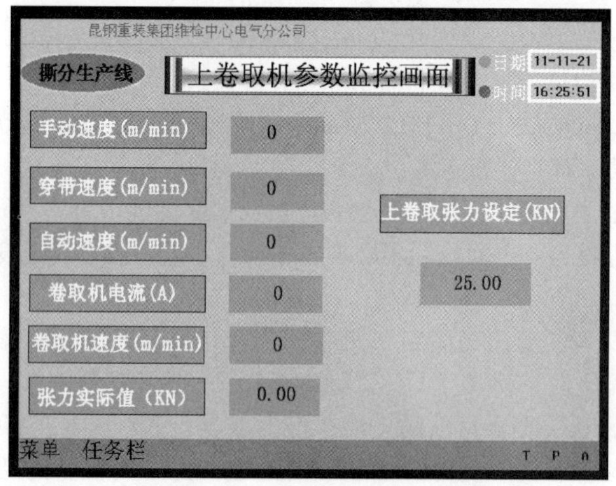

图 2-56　上下卷取控制平台

侧侧隙、操作侧重叠量、传动侧重叠量、开口度。调整量的精确定位控制将对圆盘剪的剪切质量起到至关重要的作用。为保证执行机构的拖动效果采用 Vacan NXP 系列变频器进行拖动。并通过可编程逻辑控制器监控控制，数据有偏差时，数据及时输给逆变器带动执行机构进行调整，从而实现各调整量的精确控制。逆变器带动调整量执行机构，运行更准确，停机时冲击小，位移误差就相对减小。设定值与实际值比较后，误差较大时可自动也可手动进行调节，调整误差精度为 0.01mm。

（6）边料卷取装置：边料卷取由两台液压马达同步驱动，并与生产线运行速度匹配，保证两条边料非常整齐地卷取成盘，为边料的回收和再加工创造条件，提高生产线的成材率。

液压马达控制系统结构根据选择的生产方式（检修、穿带、运行）对边料卷取马达分别控制，控制信号传递给比例调节阀。并将控制信号传递给放大电路，通过调整放电路上的相应时间来实现两台液压马达的同步性，使边料卷取液压马达的运行速度与整线运行速度有较好的匹配效果，实现与圆盘剪、两台卷取机的协同运行，保证整条生产线的同步性。

（7）分层与引料设备及控制：分层与引料设备是撕分生产线特有设备，也是关键设备之一，见图 2-57。该设备主要由撕分机底座、支撑构件、前台板、后上下分层引料导板、上下吸盘、铲头等组成。当复合板带头送至撕分机前沿时，前台引料至撕分机，带头到上下吸盘中间后，上下吸盘动作贴近板带并吸紧，待板带完全吸紧后上下吸盘分开致使板带分开，铲头伸出置于两层板带之间，此时板带已完成撕分工作。分开后的板带放下至后上下导板，借助板带向前的运行力将板带送至撕分夹送辊。撕分夹送辊属双层夹送辊，采用一个传动动力，分别对上下层板带传送，此时完成复合板的引料工作。

图 2-57　撕分引导装置

（8）双层卷取设备及控制：双层卷取目前在国内市场尚未见相关应用。由于生产原料的特殊性，生产线不能设置专门的张力辊，卷取机卷取时的张力只能在卷取机和卷取机前的张力机之间建立。分卷生产线控制系统张力机是主动型，卷取机建立张力能靠卷取机和卷取机前的张力机之间的速度差。撕分后的复合卷板分别到达两台卷取机，为了保证卷取质量采用异步建张同步卷取的控制方式。同时为满足后续加工的需要，卷取机具备实现正卷（不锈钢面向外）或反卷（不锈钢面向内）功能。

3 不锈钢复合板热处理工艺

3.1 引言

不锈钢复合板中的碳钢层主要提供强度性能，不锈钢层提供耐腐蚀性能。不锈钢内晶界处析出物如 $Cr_{23}C_6$、$Cr_{23}C_{13}$、$Cr_{23}C_6$ 等铬的碳化物会导致晶界处 Cr 含量降低，导致晶界贫铬，增加了产生晶间腐蚀的可能性，导致不锈钢耐腐蚀性能降低。造成热轧不锈钢复合板产生晶间腐蚀的重要原因是：热加工过程中不锈钢处于敏化温度区，或者通过敏化温度区间时冷却控制不当。所以不锈钢复合板出厂前需要进行热处理来减弱或消除晶间腐蚀，从而保证不锈钢复合板的耐腐蚀性能。然而不锈钢层和碳钢层分别有自己的热处理规程，且这些规程并不一致。不锈钢复合板的热处理规程必须兼顾两组元材料，所以不锈钢复合板的热处理规程需要进行深入研究。

3.2 实验工艺设计

根据热处理的目的制订了工艺流程。制备好实验样品后，选 8 组样品（每组 3 个样品）分别进行 8 种不同热处理实验过后，再分别进行力学性能测试分析、界面显微组织观察以及 EDS 测试，最后进行与纯不锈钢样品对比腐蚀试验，将分析结果进行归纳总结后再优化整个实验设计，实验流程如图 3-1 所示。

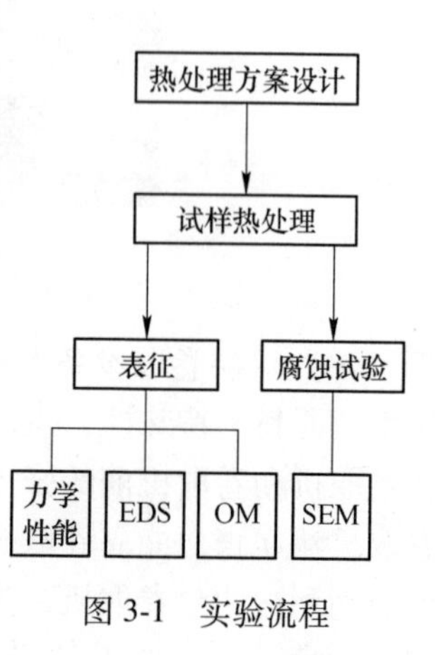

图 3-1 实验流程

在不锈钢复合板的制备、热处理、腐蚀及样品检测分析的过程中所用到的仪器设备有：

（1）双机架紧凑式炉卷机：用于不锈钢复合板的制备。

（2）电阻炉：用于不锈钢复合板进行热处理。

（3）电子天平：型号为 JYT-2，用于腐蚀试验腐蚀液的配置。

（4）金相试样抛光机：型号 Philips-X300，抛盘直径 200mm，转速可以根据自己样品需要来调节，用于金相试样的抛光。

（5）金相显微镜：用于对样品热处理后复合界面组织观察。

（6）扫描电镜：用于对样品腐蚀后表面特征观察。

（7）EDS 能谱仪：用于元素含量、分布和扩散情况的测定。

（8）超声波振荡仪：扫描电镜前用于清洗样品。

试验材料为云南昆钢新型复合材料开发有限公司生产的真空热轧不锈钢复合板，基材为 Q235，覆层材料为 SUS304，总厚度约为 3mm。

3.3 实验过程

3.3.1 热处理实验

为了研究热处理工艺对不锈钢复合板微观结构、力学性能和耐蚀性能的影响，本实验共制定了 8 种热处理工艺：（1）1050℃温度保温 3min 后不锈钢侧单面喷水冷却处理；（2）1050℃温度下保温 3min 后不锈钢强风对流冷却处理；（3）1050℃温度下保温 2min 后不锈钢侧单面喷水冷却处理；（4）1050℃温度下保温 2min 后不锈钢强风对流冷却处理；（5）1080℃温度下保温 3min 后不锈钢侧单面喷水冷却处理；（6）1080℃温度下保温 3min 后不锈钢强风对流冷却处理；（7）1080℃温度下保温 3min 后不锈钢侧单面喷水冷却处理；（8）1080℃温度下保温 2min 后不锈钢强风对流冷却处理。复合板热处理工艺曲线见图 3-2。

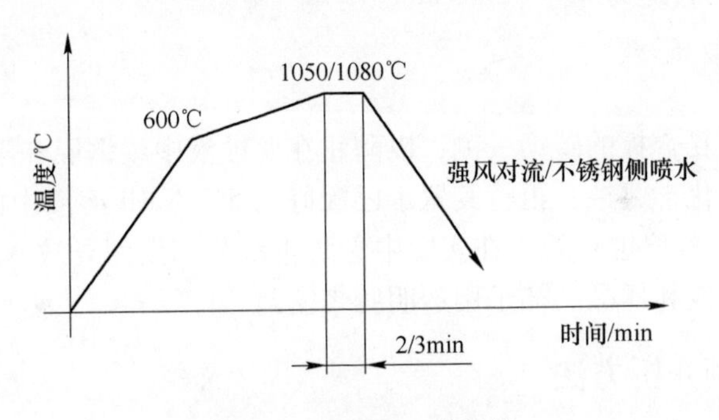

图 3-2 热处理工艺曲线

加热时，先在试验炉偏外侧略靠近炉门的地方摆放两块耐火砖，将试样放在耐火砖上，且让试样尽可能少地与耐火砖接触。且不锈钢面朝上，碳钢面朝下与耐火砖接触。

3.3.2 制备样品

（1）制备拉伸试验样品：根据中国标准 GB/T 6396—2008 制备拉伸试样，拉伸试样如图 3-3 所示，尺寸为 80mm×20mm×3mm。

（2）制备金相组织样品：

1）镶样：本次使用自凝基托树脂（自凝牙托粉和义齿基托树脂）进行镶

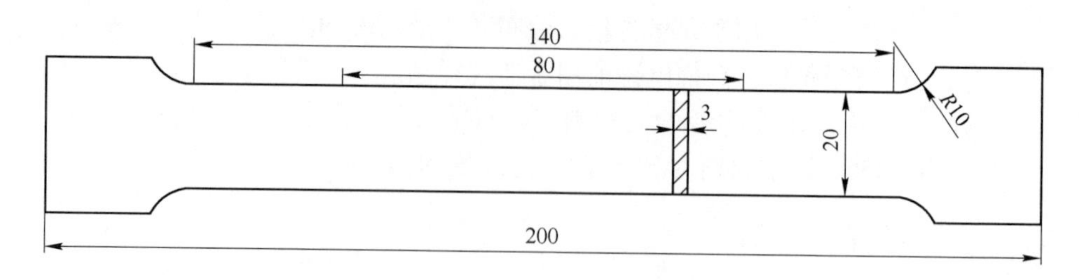

图 3-3　拉伸试样

样。按照粉一定比例称量产品，把液体倒入粉末中快速搅拌混合后呈饼状并压接成型。

2）粗磨与精磨：首先用 240 号~600 号的水磨砂纸进行粗磨，把试样表面明显粗大的痕迹抹掉，然后再用 800 号~2000 号的水磨砂纸进行细磨，直到将粗磨的痕迹去掉为止。在磨光的过程中，每更换一次砂纸，都要将样品旋转 90°，需要把上一道的划痕全部抹掉。

3）抛光：抛光是为了将样品上残留的细小痕迹彻底去掉，本实验中采用机械抛光的方法。精磨后的样品用清水清洗干净后在抛光机上进行抛光，抛光剂为 Al_2O_3，抛光机的转速为 200~400r/min。

3.3.3　腐蚀试验

用胶带封住复合板的碳钢一侧，以防止在腐蚀液中碳钢层和不锈钢层之间产生电位而发生电化学腐蚀，再将其置于已配好的 5% NaCl 溶液中侵蚀 96h，待其晾干后用 SEM 观察腐蚀形貌。在实验中为防止水分挥发而导致 NaCl 溶液浓度增加，要将盛放溶液和样品的杯子用透明胶带密封。

3.4　材料检测分析方法

3.4.1　力学性能测试

按照 GB/T 228—2010 中的方法 B 及 GB/T 232—2010 测量了材料的常规力学性能，主要测试屈服强度、抗拉强度和断后伸长率。

3.4.2　光学显微镜观察

该实验使用的光学显微镜用以观察复合板结合界面基层材料一侧的显微组织，此次实验用光学显微镜见图 3-4。

3.4.3　扫描电镜观察

扫描电镜分析可以提供数纳米到毫米范围内的形貌相，观察视野大。当电子

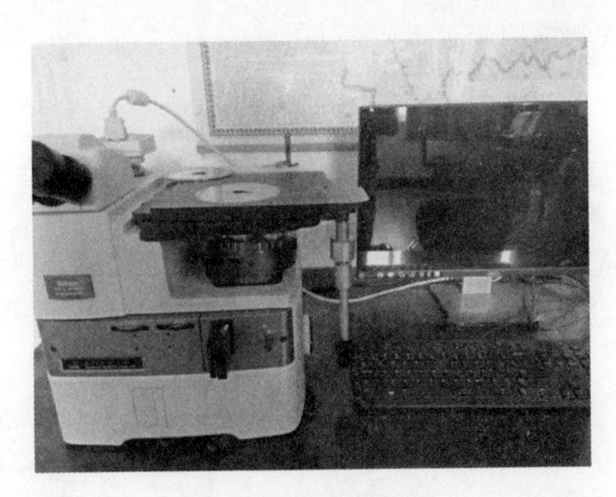

图 3-4 光学显微镜

束在样品的表面扫描时，会通过检测器生成的二次电子信号传递到显像管，便可观察到样品的组织表面，可使用不同的放大倍数来清晰观察到不同区域的组织。在进行扫描电镜前需要用超声波来清洗样品，在观察样品时要注意防止污染，样品的结构表面应该尽量保持完整性，尽量选择结构完整的面进行观察。该实验所用 SEM 用以对复合板和纯不锈钢表面的腐蚀形貌的观察。

3.4.4 EDS 测试

EDS 为 SEM 的附属配套仪器，结合扫描电镜可以在较短时间内对材料的微观区域的元素分布情况进行定性、定量分析。为了研究元素扩散对复合板显微组织力学性能和耐腐蚀性能的影响，需要借助能谱仪进行表征。本书利用能谱仪对复合板界面两侧的元素进行了测定，以分析复合板元素扩散情况。

3.5 热处理对不锈钢复合板微观结构和力学性能的影响

为获得高质量的不锈钢热轧复合板，一方面可以优化轧制工艺，另一方面要通过热处理实现对复合板产品质量的控制。不同的热处理工艺对复合板的显微特性和综合性能有着不同的影响。Q235 和 304 所承担的功能不同，各自的最佳热处理方式也不同。但复合板作为一个整体，选择一种合适的热处理工艺，这种热处理应当同时兼顾不锈钢和碳钢。本书共制定了 8 热处理工艺，研究不同热处理工艺对不锈钢复合板的元素扩散、显微组织、综合力学性能和耐腐蚀性能的影响。

3.5.1 经过不同热处理后的复合板界面元素扩散分析

图 3-5 所示为经过不同热处理后不锈钢复合板试样线性扫描测试结果（垂直

于结合界面)。本次测定的元素主要是 Fe、Mn、C、Cr、Ni、Si、P、S 等，分析其扩散情况。

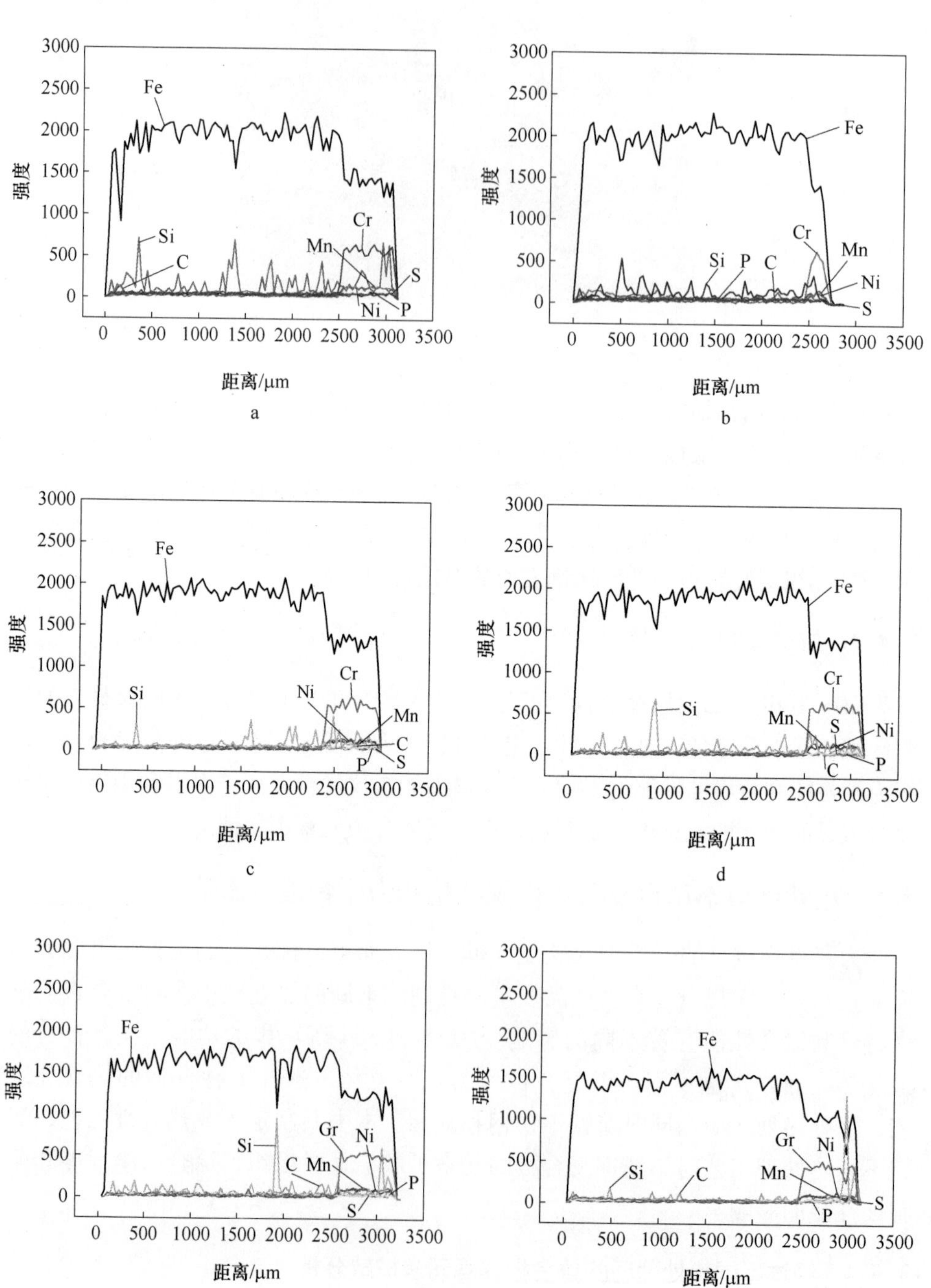

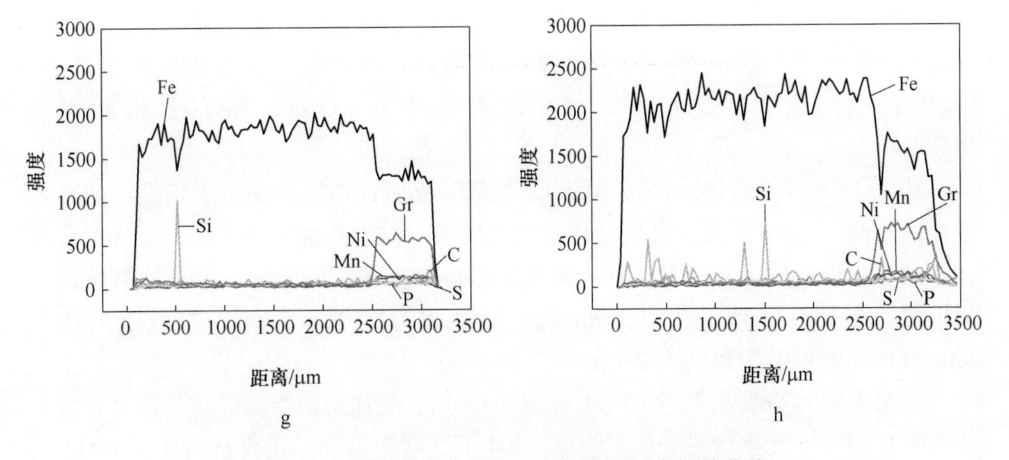

图 3-5 经不同工艺热处理后的复合板元素扩散曲线

a—1050℃保温 3min 后强风对流冷却处理；b—1050℃保温 3min 后不锈钢侧喷水处理；
c—1050℃保温 2min 后强风对流冷却处理；d—1050℃保温 2min 后不锈钢侧喷水处理；
e—1080℃保温 3min 后强风对流冷却处理；f—1080℃保温 3min 后不锈钢侧喷水处理；
g—1080℃保温 2min 后强风对流冷却处理；h—1080℃保温 2min 后不锈钢侧喷水处理

从图 3-5a 可以看出，经过 1050℃保温 3min 后，强风对流冷却处理后的复合板界面两侧 C、P、S 元素含量变化不明显。304 不锈钢侧的 C 元素含量应该明显低于 Q235，但 EDS 显示 C 元素含量没有明显的变化，主要原因可能是因为 C 较轻，而能谱对较轻元素的灵敏度不高。304 不锈钢和 Q235 的主要元素都是 Fe，但 Q235 的 Fe 含量明显高于 304，从图 3-1 中也很容易看出来。P、S 元素的含量变化也并不明显，一方面原因可能和 C 元素的含量无明显变化一样，P、S 较轻，能谱对其不敏感；另一方面，基层和覆层材料中 S、P 含量极少，在扩散曲线上并无明显变化。Si 含量波动较大，可能原因是在制样时引入了较多 Si 元素。界面两侧 Cr、Ni、Mn 元素含量的变化较大，说明不锈钢中的 Cr、Ni、Mn 合金元素向界面及碳钢侧发生了连续的扩散行为。从含量变化曲线可以得到 Mn 的扩散距离为 160μm，Cr 的扩散距离约为 70μm，Ni 的扩散距离约为 100μm。

从图 3-5b 可以看出经过 1050℃保温 3min 后不锈钢侧喷水处理，另一侧未处理，之后复合板界面两侧 C、P、S 元素含量变化不明显，原因和图 3-1a 原因一致。结合界面两侧 Cr、Ni、Mn 元素含量的变化也比较大，说明不锈钢中的 Cr、Ni、Mn 合金元素向界面及碳钢侧发生了连续的扩散行为。从含量变化曲线可以得到该热处理方式下 Mn 的扩散距离为 155μm，Cr 的扩散距离约为 145μm，Ni 的扩散距离约为 155μm。

从图 3-5c 可以看出，经过 1050℃保温 2min 后强风对流冷却处理后的复合板界面两侧 C、P、S 元素含量变化依旧不明显。Fe 作为 Q235 和 304 不锈钢的主要合金元素，在结合界面两侧其含量存在明显差别，这主要是由于两种材料本身的成分差别大导致的。界面两侧 Cr、Ni、Mn 元素含量的变化也比较大，且都存在一定的过渡区，不锈钢侧的合金元素向着碳钢一侧扩散。在此热处理工艺下，Mn 的扩散距离为 185μm，Cr 的扩散距离约为 135μm，Ni 的扩散距离约为 200μm。

从图 3-5d 可以看出，经过 1050℃保温 2min 后，不锈钢侧喷水处理后的复合板界面两侧 C、P、S 元素含量变化依旧不明显。结合界面两侧 Cr、Ni、Mn 元素含量的变化也比较大，且都存在一定的扩散区，不锈钢侧的合金元素向着碳钢一侧扩散。在此热处理工艺下，Mn 的扩散距离为 130μm，Cr 的扩散距离约为 200μm，Ni 的扩散距离约为 240μm。

从图 3-5e 可以看出经过 1080℃保温 3min 后，强风对流冷却处理后的复合板界面两侧 C、P、S 元素含量变化不明显。304 不锈钢侧的 C 元素含量明显低于 Q235，但在线扫描的能谱中所获得的元素含量没有明显的变化。P、S 元素的含量变化也并不明显，原因可能和 C 元素的含量无明显变化一样，P、S 较轻，能谱对其不敏感。界面两侧 Cr、Ni、Mn 元素含量的变化较大，说明不锈钢中的 Cr、Ni、Mn 合金元素向界面及碳钢侧发生了连续的扩散行为。从含量变化曲线可以得到 Mn 的扩散距离为 210μm，Cr 的扩散距离约为 145μm，Ni 的扩散距离约为 170μm。

从图 3-5f 可以看出经过 1080℃保温 3min 后不锈钢侧喷水处理后的复合板界面两侧 C、P、S 元素含量变化不明显。Si 含量波动较大。结合界面两侧 Cr、Ni、Mn 元素含量的变化也比较大，说明该热处理工艺下不锈钢中的 Cr、Ni、Mn 合金元素向界面及碳钢侧发生了连续的扩散行为。从含量变化曲线可以得到该热处理方式下 Mn 的扩散距离为 200μm，Cr 的扩散距离约为 190μm，Ni 的扩散距离约为 160μm。

从图 3-5g 可以看出，经过 1080℃保温 2min 后强风对流冷却处理后的复合板界面两侧 C、P、S 元素含量变化依旧不明显。Fe 在结合界面两侧其含量存在差别，这主要是由于两种材料本身的成分差别多导致。界面两侧 Cr、Ni、Mn 元素含量的变化也比较大，且都存在一定的过渡区，不锈钢侧的合金元素向着碳钢一侧扩散。在此热处理工艺下，Mn 的扩散距离为 165μm，Cr 的扩散距离约为 200μm，Ni 的扩散距离约为 220μm。

从图 3-5h 可以看出，经过 1080℃保温 2min 后不锈钢侧喷水处理的复合板界面两侧 C、P、S 元素含量变化依旧不明显。Fe 在结合界面两侧其含量存在差别，这主要是由于两种材料本身的成分差别多导致。界面两侧 Cr、Ni、Mn 元素含量的变化也比较大，且都存在一定的过渡区，不锈钢侧的合金元素向着碳钢一侧扩散。在此热处理工艺下，C 发生了扩散，但在光谱下依旧不明显，Mn 的扩散距离为 250μm，Cr、Ni 的扩散距离也大约都为 250μm。

通过对比不难发现当保温温度和保温时间不变时，通过增加冷却速度可以使

Cr、Ni 元素的扩散更加充分，合金元素的扩散距离也会相对的增加；在保温温度和冷却方式不变时，缩短保温时间扩散层厚度反而减小；在保温时间和冷却方式相同时，提高保温温度将会促进 Cr、Ni 元素的扩散，扩大其扩散层厚度。合金元素的扩散和扩散层厚度的增加将会对复合板的性能造成一定的影响，具体影响将在后文予以阐述。

3.5.2 不锈钢复合板经不同热处理后的界面微观结构分析

对经过不同热处理方式处理后的复合板进行 OM 观察，结果如图 3-6~图 3-13 所示。

经过 1050℃保温 3min 后强风对流冷却处理的复合板结合界面碳钢侧的显微组织见图 3-6。从金相显微组织可以看出，结合面清晰，呈明显的线状；在碳钢一侧组织为珠光体+铁素体，但其体积分数和晶粒大小都随着距界面距离的改变而改变，在远离界面处的铁素体和珠光体分布均匀，晶粒细小；随着距结合面距离的减少，珠光体的体积分数先减少后增多，铁素体的体积分数则先增多后减少，晶粒尺寸呈先增大后减少的趋势。在两个细小晶区之间存在一个晶粒较粗大的区域，该区域晶粒尺寸最大可达到 100μm，其厚度约为 200μm，且该区内铁素体体积分数大，为一个明显的脱碳区。该部位的相对较慢冷却速度可能是造成该区晶粒粗大的主要原因；在制备不锈钢复合板的过程中可能已经造成了 C 元素的扩散，在热处理加热和保温过程中促进了 C 的扩散，形成了一个明显的脱碳区，最终导致该区的铁素体组织较多。在最靠近界面的区域晶粒尺寸变小，单个晶粒尺寸约为 25μm 厚度大约在 80μm 左右，造成这一现象的原因可能是因为受不锈钢一侧强风对流冷却的影响，造成该区冷却速度较大，最终导致该区晶粒细小，另一方面冷却速度增大造成部分扩散的 C 来不及越过界面而在此区域聚集，导致该区域的碳含量升高，最终表现为在组织中珠光体的体积分数增加。

图 3-6 1050℃保温 3min 后强风对流冷却处理的复合板基层显微组织

经过 1050℃保温 3min 后不锈钢侧喷水冷却处理的复合板结合界面碳钢侧的显微组织见图 3-7。同样是 1050℃保温 3min，但由于不锈钢侧喷水处理的冷却速度远高于强风对流冷却，其碳钢侧的晶粒尺寸就比经过 1050℃保温 3min 后强风对流冷却处理后的晶粒要细得多。随着距界面距离的减小，晶粒尺寸呈先增大后减小的趋势，中部粗大晶区的组织为铁素体+珠光体，平均晶粒尺寸约为 50μm，厚度约为 300μm，形成一定厚度的脱碳层，由于冷却速度快，该区仍有大量 C 来不及扩散，最终表现为在该区有较多的珠光体组织。在最靠近界面的位置，存在一个厚度约为 60μm 的晶粒组织细小区域，该区域由于靠近不锈钢侧，冷却速度极大，一方面较高的冷却速度导致了该区域晶粒细小；另一方面，极快的冷却速度导致从距界面较远处扩散过来的 C 来不及越过界面扩散至不锈钢一侧，造成了 C 在界面附近大量聚集，该区域 C 浓度增加最终表现为在组织中珠光体体积分数的急剧增加。

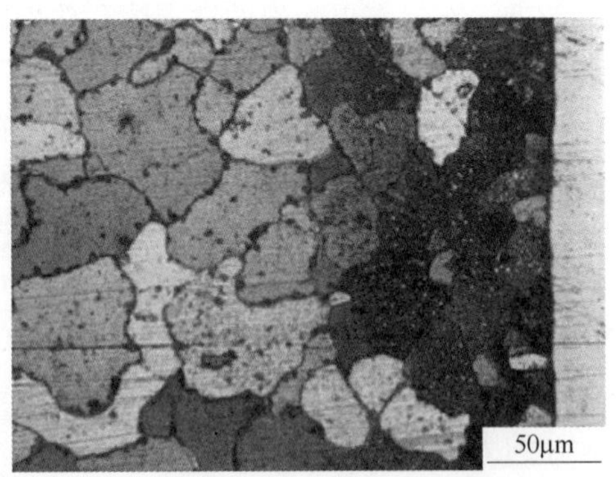

图 3-7　1050℃保温 3min 后不锈钢侧喷水冷却处理的复合板基层显微组织

经过 1050℃保温 2min 后强风对流冷却处理的复合板结合界面碳钢侧的显微组织见图 3-8。碳钢一侧组织依旧为珠光体+铁素体，随着距界面距离的减小，晶

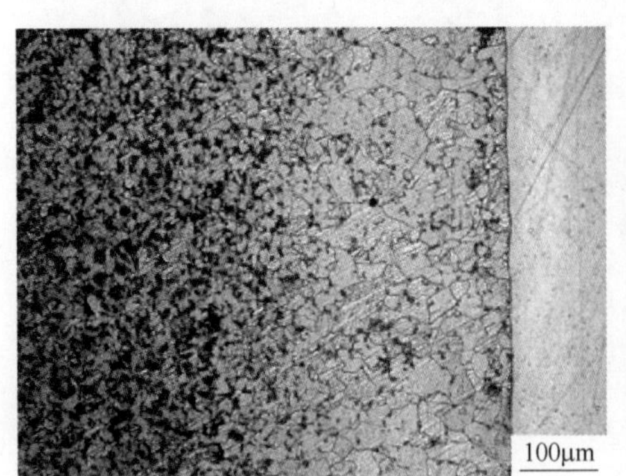

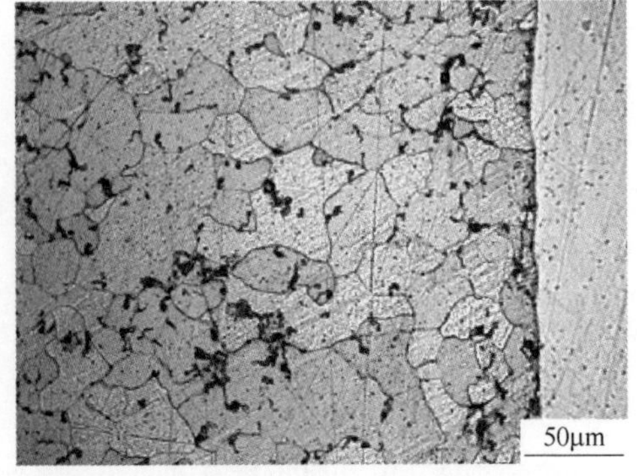

图 3-8　1050℃保温 2min 后强风对流冷却处理的复合板基层显微组织

粒尺寸存在先增大后减小的规律。同样是1050℃保温后强风对流冷却，但其整体晶粒尺寸较经过1050℃保温3min后强风对流冷却处理后的晶粒要小得多，可能原因是保温时间短，高温下奥氏体晶粒相对更加细小，最终造成低温下所获晶粒组织也相对更加细小。两个细小晶区间存在一个厚度约为250μm的晶粒粗大区域，该区域的组织以铁素体为主，形成一个明显的脱碳区域，相比于经1050℃保温3min后强风对流冷却处理的脱碳层厚度更窄，造成的原因可能是保温时间短导致经热处理工艺中加热和保温时的元素扩散没有像经过1050℃保温3min后强风对流冷却处理那样完全。在最靠近界面处的细小晶粒区域的厚度约为30μm，同样是由于较大冷却速度造成该区的晶粒细小和C扩散受阻碍而在该区域聚集。

经过1050℃保温2min后不锈钢侧喷水冷却处理的复合板结合界面碳钢侧的显微组织见图3-9。碳钢侧的组织为铁素体+珠光体，随着距结合界面距离的减少晶粒尺寸也呈现先增大后减少的规律；随着距界面距离的减少铁素体体积分数先增加后减少，而珠光体的体积分数则先减少后增多；中间粗大晶区的厚度约为250μm，该区平均晶粒尺寸约为30μm，扩散导致该区的C往界面和不锈钢一侧扩散，造成该区C含量降低，最终表现为该区的组织主要为铁素体。在靠近界面的部位也存在一个以铁素体+珠光体为主要组织的细晶区，其厚度约为30μm。

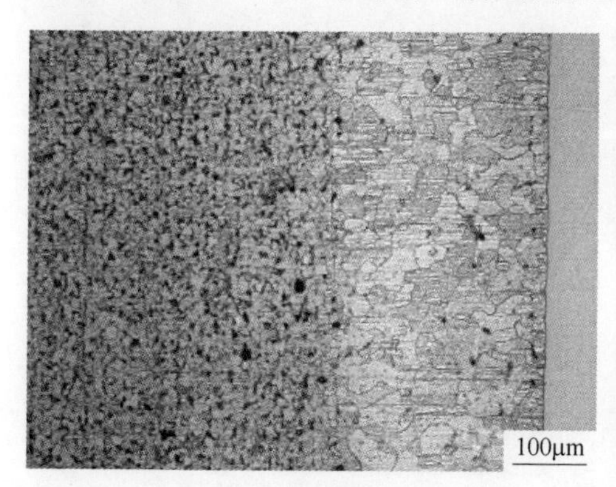

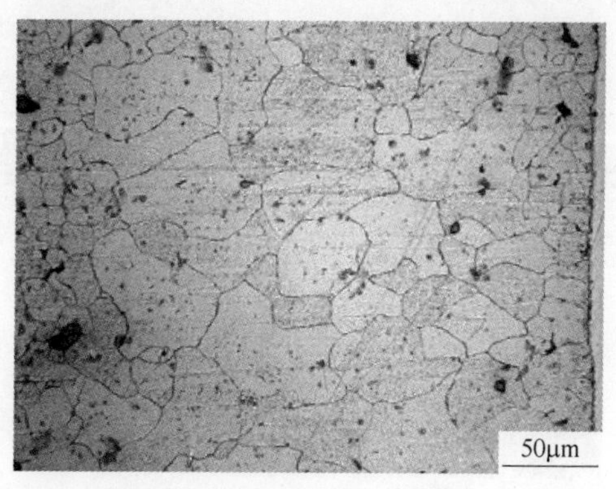

图3-9 1050℃保温2min后不锈钢侧喷水冷却处理的复合板基层显微组织

经过1080℃保温3min后强风对流冷却处理的复合板结合界面碳钢侧的显微组织见图3-10。基层的组织为铁素体+珠光体，其体积分数和晶粒尺寸都随着距界面距离的变化而变化。随着距界面距离的减小，珠光体体积分数先增加后减少，铁素体的体积分数先减小后增加，晶粒尺寸先增加后减少。同保温3min后强风对流冷却，但1080℃保温时所获晶粒尺寸整体比1050℃保温时的晶粒尺寸要小。在脱碳区内珠光体的体积分数也较1050℃保温时的大；脱碳区厚度约为350μm，晶粒尺寸约为25μm。

经过1080℃保温3min后不锈钢侧喷水冷却处理的复合板结合界面碳钢侧的

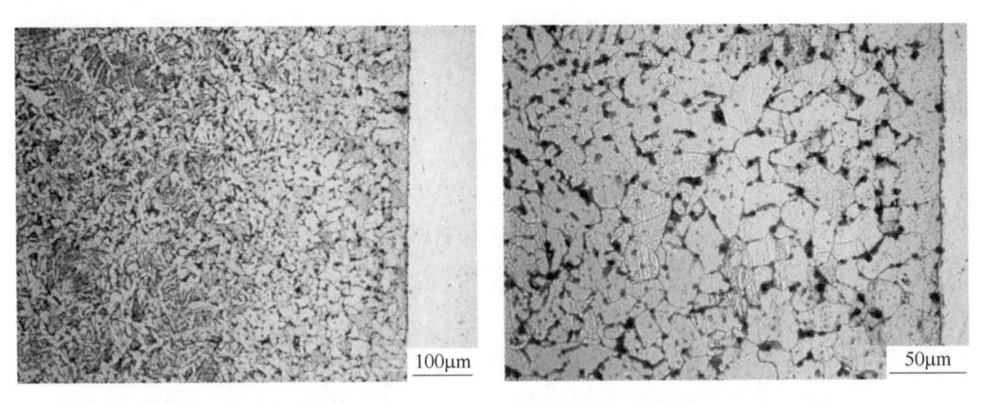

图 3-10　1080℃保温 3min 后强风对流冷却处理的复合板基层显微组织

显微组织如图 3-11 所示。基体组织为铁素体+珠光体，但其体积分数和晶粒尺寸都在随着距界面距离的变化而变化，且变换规律与其他热处理工艺处理的复合板变化规律一致，中部粗大晶区的晶粒尺寸约为 40μm，整个脱碳区厚度约为 350μm；界面附近细晶区的厚度约为 50μm，晶粒大小约为 25μm，同样可能是因为较高的冷却速度造成该区域晶粒变小。

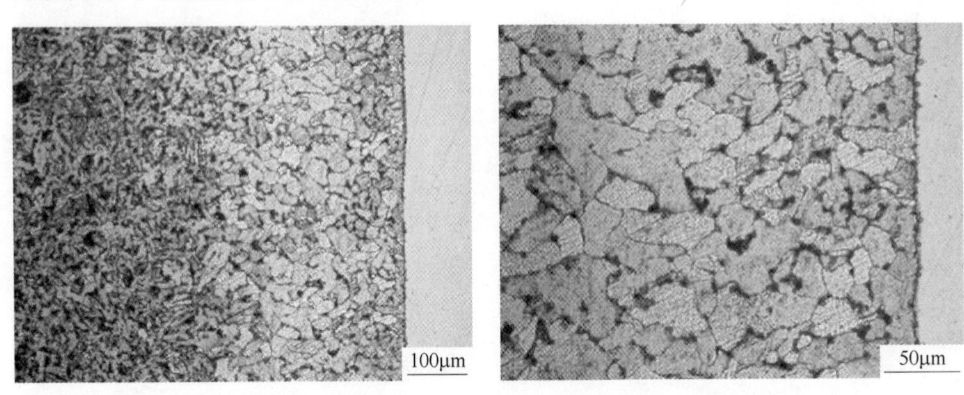

图 3-11　1080℃保温 3min 后不锈钢侧喷水冷却处理的复合板基层显微组织

1080℃保温 2min 后强风对流冷却处理的复合板结合界面碳钢侧的显微组织如图 3-12 所示。其组织为铁素体+珠光体，体积分数和晶粒尺寸也随着距界面距离的变化而变化。整个脱碳区的厚度约在 300μm，该厚度较在相同保温温度和冷却方式的热处理方式下所获得的脱碳层厚度要小一些，原因是保温时间变短导致 C 没有足够的时间超过界面并在不锈钢一侧的方向发生扩散。在靠近界面处的细晶区厚度为 50μm，晶粒尺寸约为 20μm。

在 1080℃保温 2min 后不锈钢侧喷水冷却处理的复合板结合界面碳钢侧的显微组织见图 3-13。其组织仍为铁素体+珠光体，其体积分数和晶粒大小随距界面

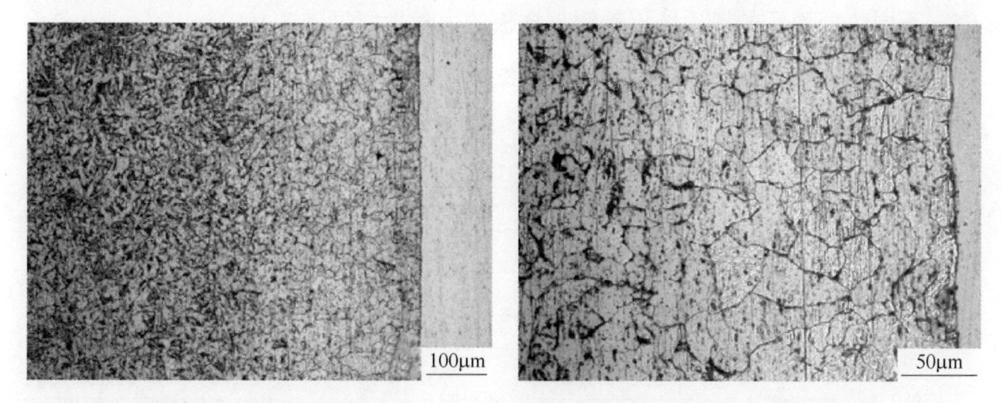

图 3-12 1080℃保温 2min 后强风对流冷却处理的复合板基层显微组织

图 3-13 1080℃保温 2min 后不锈钢侧喷水冷却处理的复合板基层显微组织

距离的变化而变化。脱碳区厚度约为 250μm，较短的保温时间和极快的冷却速度可能是造成脱碳区较其他热处理后的复合板的脱碳区窄的主要原因。其中粗大晶区中晶粒尺寸约为 25μm；靠近界面处的细晶区的厚度约为 50μm，晶粒尺寸约为 20μm。

以上分析了 8 种热处理工艺下的基层显微组织，其组织都是铁素体+珠光体，其体积分数和晶粒大小都随着距界面距离的变化而变化，具体变化规律为：随着距界面距离的减小，铁素体体积分数先增加后减小，珠光体体积分数先减小后增加，晶粒尺寸先增加后减小。由于受加热温度、保温时间和冷却方式的影响，经不同热处理工艺处理后的复合板的脱碳区厚度、晶粒尺寸和各个晶粒区域组织的体积分数存在差别。

3.5.3 不锈钢复合板经不同热处理后的力学性能分析

对不同热处理方式对热轧奥氏体不锈钢复合板力学性能的影响进行分析研

究。不同热处理后的奥氏体不锈钢复合板的力学性能见表 3-1。

表 3-1　不同热处理后的奥氏体不锈钢复合板的力学性能

加热温度/℃	保温时间/min	冷却方式	屈服强度/MPa	抗拉强度/MPa	断后伸长率/%
1050	3	强风对流	340	504	40.0
		不锈钢侧喷水	314	494	41.0
	2	强风对流	347	505	36.5
		不锈钢侧喷水	341	509	38.5
1080	3	强风对流	323	504	40.0
		不锈钢侧喷水	331	501	39.5
	2	强风对流	338	501	41.0
		不锈钢侧喷水	341	503	38.5

3.5.3.1　热处理温度对力学性能的影响

从表 3-1 可以看出，经过 1050℃保温 3min 后强风对流冷却处理的复合板屈服强度为 340MPa，抗拉强度 504MPa，断后伸长率为 40.0%；经过 1080℃保温 3min 后强风对流冷却处理的复合板屈服强度为 323MPa，抗拉强度 504MPa，断后伸长率为 40.0%。力学性能随温度变化曲线见图 3-14。很明显，保温时间为 3min 并在强风对流方式下冷却时，随着温度的增加复合板的抗拉强度和断后伸长率保持不变，屈服强度降低；1050℃保温和 1080℃保温下复合板的抗拉强度和断后伸长率是相同的，而 1050℃保温的屈服强度比 1080℃保温的屈服强度高出 17MPa。

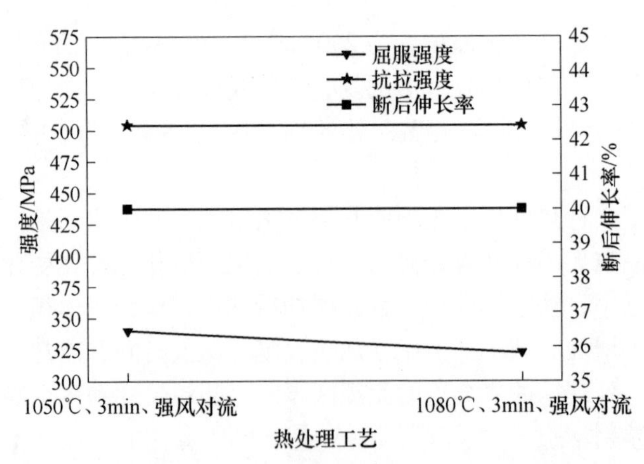

图 3-14　不同保温温度下保温 3min 并采用强风对流冷却的力学性能变化曲线

经过 1050℃保温 3min 后不锈钢侧喷水冷却处理的复合板屈服强度为

314MPa，抗拉强度494MPa，断后伸长率为41.0%；经过1080℃保温3min后不锈钢侧喷水冷却处理复合板为331MPa，抗拉强度为501MPa，断后伸长率为39.5%。力学性能变化曲线见图3-15，很明显，在保温3min并对不锈钢侧单面喷水冷却时，随着保温温度的升高，复合板的屈服强度和抗拉强度升高，断后伸长率减小；1080℃保温的屈服强度和抗拉强度分别比1050℃保温的屈服强度和抗拉强度高出17MPa和5MPa，而1080℃保温的断后伸长率比1050℃保温的断后伸长率低1.5%。

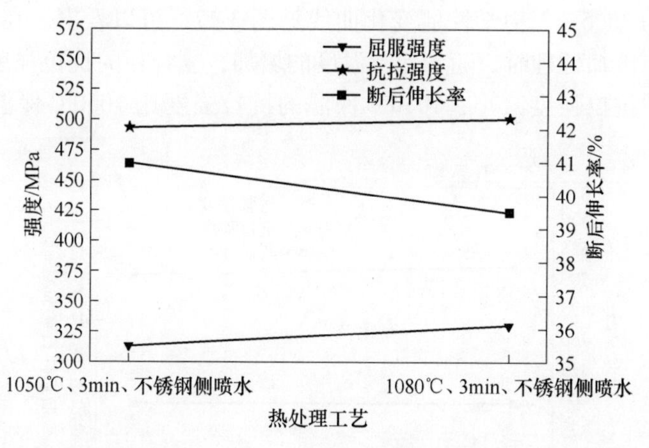

图3-15 不同保温温度下保温3min并对不锈钢侧喷水冷却的力学性能变化曲线

经过1050℃保温2min后强风对流冷却处理的复合板屈服强度为347MPa，抗拉强度505MPa，断后伸长率为36.5%；经过1080℃保温2min后强风对流冷却处理的复合板的屈服强度为338MPa，抗拉强度为501MPa，断后伸长率为41%。力学性能变化曲线见图3-16。由图3-16可以看出，在保温2min后强风对流冷却处

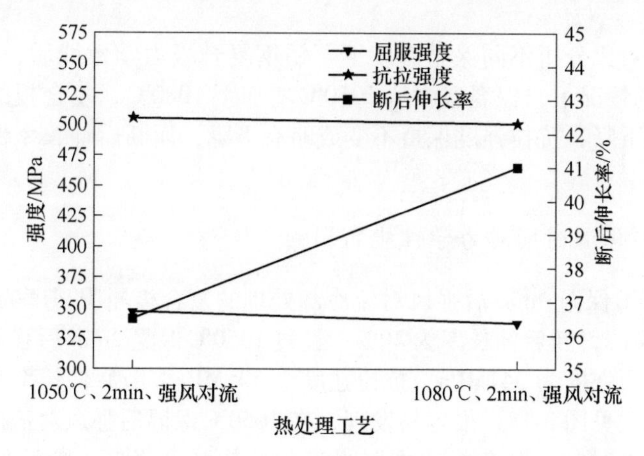

图3-16 不同保温温度下保温2min并采用强风对流冷却的力学性能变化曲线

理时，随着保温温度的升高，复合板的屈服强度和抗拉强度降低，而断后伸长率增加。1080℃保温时的屈服强度和抗拉强度分别比1050℃保温时的屈服强度和抗拉强度低9MPa和4MPa，而1080℃保温的断后伸长率比1050℃保温的断后伸长率高4.5%。

经过1050℃保温2min后不锈钢侧喷水冷却处理的复合板屈服强度为341MPa，抗拉强度509MPa，断后伸长率为38.5%；经过1080℃保温2min后不锈钢侧喷水冷却处理处理后的复合板的屈服强度为341MPa，抗拉强度503MPa，断后伸长率为38.5%。力学性能变化曲线见图3-17，可以看出，在保温2min后不锈钢侧喷水冷却处理时，随着保温温度的增加，复合板的抗拉强度和断后伸长率保持不变，抗拉强度减小；1080℃保温的抗拉强度比1050℃保温的抗拉强度低5MPa。

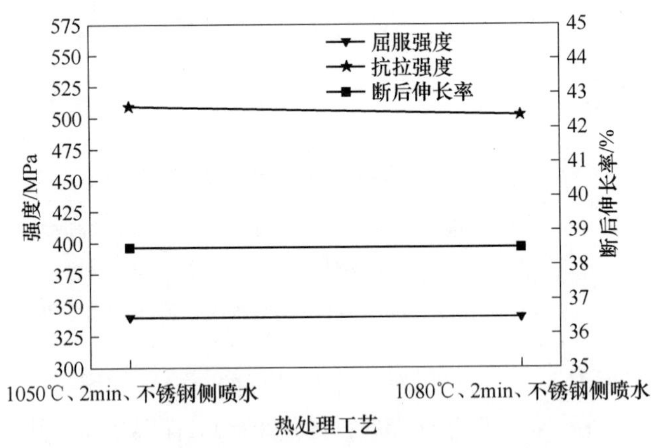

图3-17 不同保温温度下保温2min并对不锈钢侧喷水冷却的力学性能变化曲线

通过以上对比分析不同保温温度下不锈钢复合板力学性能后，不难发现在，在保温3min的情况下，保温温度从1050℃增加至1080℃，复合板的屈服强度保持不变或有所下降，抗拉强度保持不变或略有下降，而断后伸长率保持不变或有所升高。

3.5.3.2 保温时间对力学性能的影响

经过1050℃保温3min后强风对流冷却处理的复合板屈服强度为340MPa，抗拉强度为504MPa，断后伸长率为40%；经过1050℃保温2min后强风对流冷却处理的复合板屈服强度为347MPa，抗拉强度为505MPa，断后伸长率为36.5%。力学性能变化曲线见图3-18，很容易发现，在1050℃保温后强风对流冷却处理的情况下，缩短保温时间，复合板的屈服强度和抗拉强度降低，断后伸长率保持不变；保温3min的屈服强度和抗拉强度分别比保温2min的屈服强度和抗拉强度低

7MPa 和 1MPa。

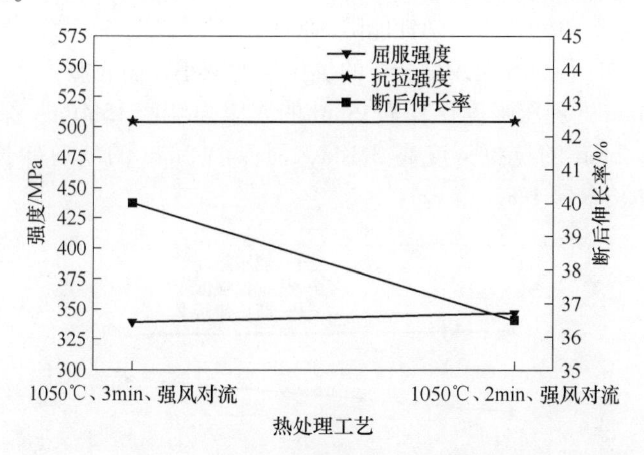

图 3-18 1050℃保温不同时间并采用强风对流冷却处理后力性能变化曲线

经过 1050℃保温 3min 后不锈钢侧喷水冷却处理的复合板屈服强度为 314MPa，抗拉强度为 494MPa，断后伸长率为 41.0%；经过 1050℃保温 2min 后不锈钢侧喷水冷却处理的复合板屈服强度为 341MPa，抗拉强度为 509MPa，断后伸长率为 38.5%。在 1050℃保温后不锈钢侧喷水冷却处理的复合板力学性能随保温时间的变化曲线见图 3-19，不难发现，随着保温时间的缩短，复合板的屈服强度和抗拉强度增加，断后伸长率减少；保温 3min 的屈服强度和抗拉强度分别比保温 2min 的屈服强度和抗拉强度低 27MPa 和 15MPa，而保温 3min 的断后伸长率比保温的 2min 的断后伸长率高 2.5%。

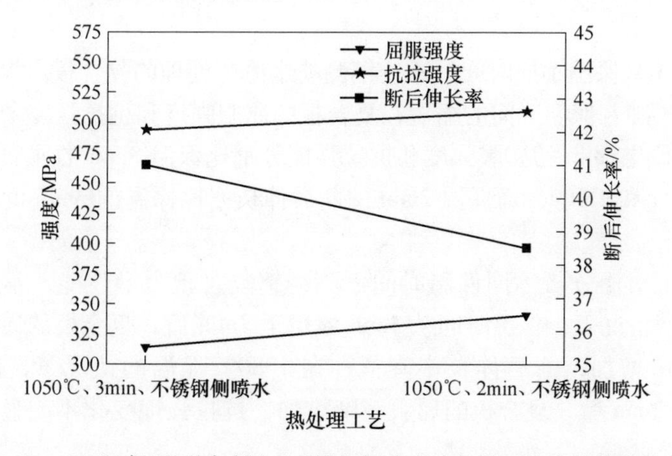

图 3-19 1050℃保温不同时间后不锈钢侧喷水冷却处理的力性能变化曲线

经过 1080℃保温 3min 后强风对流冷处理的复合板屈服强度为 323MPa，抗拉强度为 504MPa，断后伸长率为 40%；经过 1080℃保温 3min 后强风对流冷处理的复合板屈服强度为 338MPa，抗拉强度 501MPa，断后伸长率为 41%。在 1080℃保温后强风对流冷却处理的力学性能随时间变化的曲线见图 3-20，对比后很容易发现，随着保温时间的减少，复合板的抗拉强度减小，而屈服强度和断后伸长率增加。保温 3min 的屈服强度比保温 2min 的屈服强度低 15MPa，保温 3min 的抗拉强度比保温 2min 的抗拉强度高 3MPa，而保温 3min 的断后伸长率比保温的 2min 的断后伸长率低 1%。

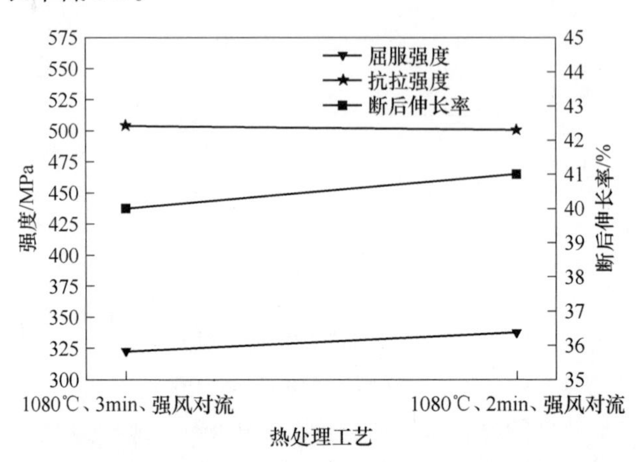

图 3-20　1080℃保温不同时间并采用强风对流冷却处理后的力性能变化曲线

经过 1080℃保温 3min 后不锈钢侧喷水冷却处理后的复合板屈服强度为 331MPa，抗拉强度 501MPa，断后伸长率为 39.5%；经过 1080℃保温 2min 后不锈钢侧喷水冷却处理的复合板屈服强度为 341MPa，抗拉强度 503MPa，断后伸长率为 38.5%。

经过 1080℃保温不同时间后不锈钢侧喷水冷却处理的复合板力学性能变化曲线见图 3-21。随着保温时间的缩短，复合板的屈服强度和抗拉强度增加，断后伸长率减小；保温 2min 的屈服强度和抗拉强度分别比保温 3min 的屈服强度和抗拉强度高 10MPa 和 2MPa，而保温 2min 的断后伸长率比保温的 3min 的断后伸长率低 1%。

通过以上对比分析不同保温时间下不锈钢复合板力学性能，不难发现，在 1050℃保温的情况下，保温时间从 3min 缩短至 2min 后，复合板的屈服强度和抗拉强度都有所增加，断后伸长率降低；在 1080℃保温的情况下，保温时间从 3min 缩短至 2min 后，复合板的屈服强度增加，抗拉强度变化不明显，抗拉强度变动差在 1%。

3.5.3.3　冷却方式对力学性能的影响

经过 1050℃保温 3min 后以不同冷却速度冷却处理的复合板的力学性能变化

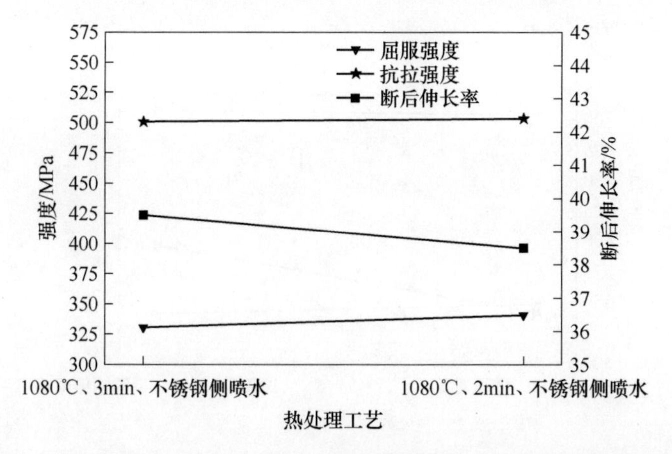

图 3-21 1080℃保温不同时间并对不锈钢侧喷水冷却后的力性能变化曲线

曲线见图 3-22。对比可以看出，复合板的屈服强度和抗拉强度随着冷却速度的增加而减小，而复合板的断后伸长率则随着冷却速率的增加而增加；当保温温度为1050℃并保温 3min 时，强风对流冷却的屈服强度和抗拉强度分别比不锈钢侧单面水冷的屈服强度和抗拉强度高 26MPa 和 10MPa，而强风对流冷却的断后伸长率比不锈钢侧单面水冷的断后伸长率低 1%。

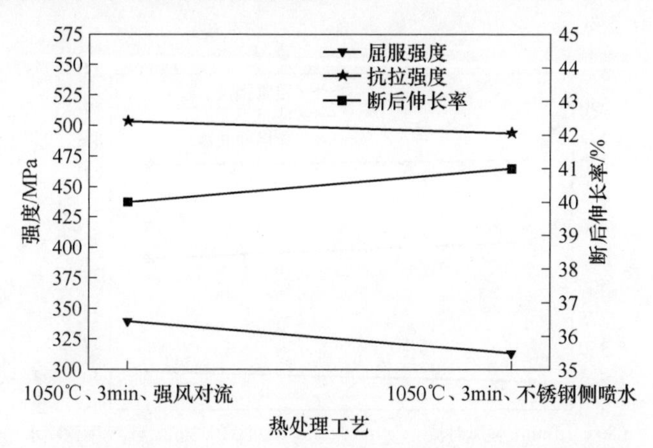

图 3-22 1050℃保温 3min 后以不同的冷却速度处理后的力学性能变化曲线

经过 1050℃保温 2min 后以不同冷却速度冷却处理的复合板的力学性能变化曲线见图 3-23。对比可以看出，当保温温度为 1050℃并保温 2min 时，复合板的屈服强度和抗拉强度受冷却速度影响不明显，而复合板断后伸长率则随着冷却速度的增加而增加；强风对流冷却的屈服强度比不锈钢侧单面水冷的屈服强度高6MPa，而强风对流冷却的抗拉强度和断后伸长率分别比不锈钢侧单面水冷的抗拉强度和断后伸长率低 4MPa 和 1%。

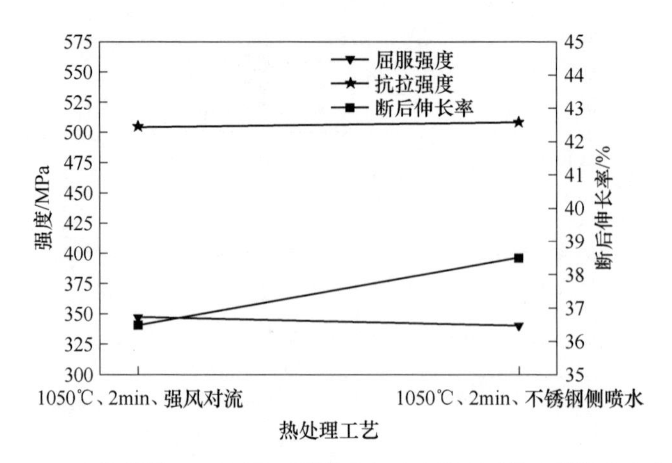

图 3-23　1050℃保温 2min 后以不同的冷却速度处理后的力学性能变化曲线

经 1080℃保温 3min 后以不同冷却速度冷却处理的复合板的力学性能变化曲线见图 3-24。对比可以看出，当保温温度为 1080℃并保温 3min 时，复合板的屈服强度随着冷却速率的增加，而抗拉强度和断后伸长率随着冷却速率的增加而减小；强风对流冷却的屈服强度不锈钢侧单面水冷的屈服强度低 8MPa，而强风对流冷却的抗拉强度和断后伸长率分别比不锈钢侧单面水冷的抗拉强度和断后伸长率高 3MPa 和 0.5%。

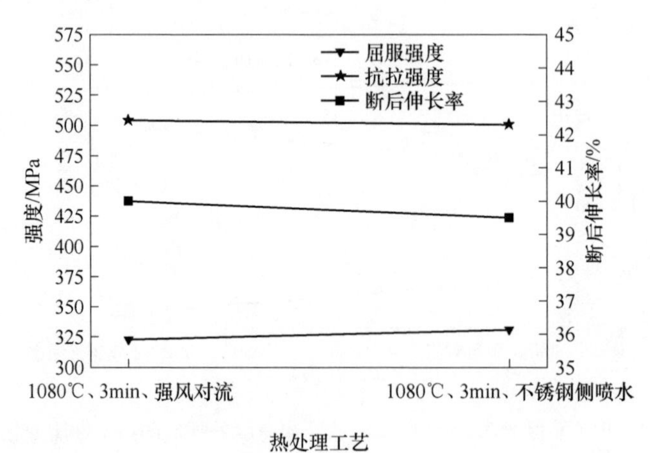

图 3-24　1080℃保温 3min 后以不同的冷却速度处理后的力学性变化曲线

经 1080℃保温 2min 后以不同冷却速度冷却处理的复合板的力学性能变化曲线见图 3-25。对比可以看出，当保温温度为 1080℃并保温 2min 时，随着冷却速度的增加，屈服强度和抗拉强度升高，断后伸长率显著增加；强风对流冷却的屈服强度和抗拉强度分别比不锈钢侧单面水冷的屈服强度和抗拉强度低 3MPa 和 2MPa，而强风对流冷却的抗断后伸长率比不锈钢侧单面水冷的断后伸长率高 2.5%。

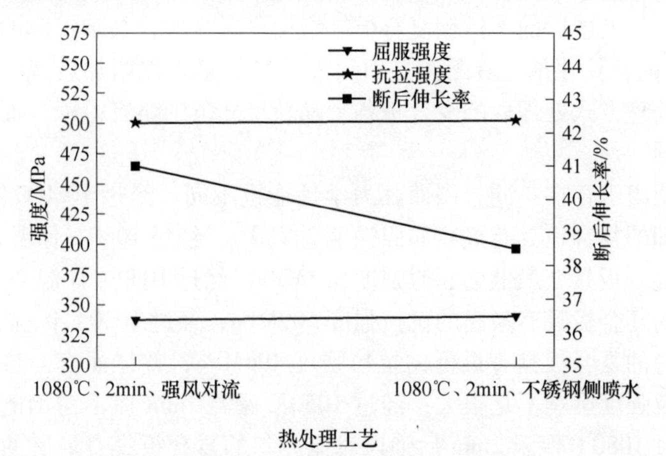

图 3-25 1080℃保温 2min 后以不同的冷却速度处理后的力学性能对比

通过以上对不同冷却方式下不锈钢复合板力学性能的对比分析，不难发现，在 1050℃保温的情况下，随着冷却速度的增加，复合板的屈服强度下降，抗拉强度并无太大变化，断后伸长率有所增加；在 1080℃保温的情况下，随着冷却速度的增加，复合板的屈服强度增加，抗拉强度也没有太大的差别，但断后伸长率下降。

各个热处理工艺下材料的强度不尽相同，其影响因素是多种多样的，其中脱碳层的晶粒尺寸对复合板强度有很大的影响，根据 Hall-Petch 关系，如公式 (3-1)：

$$\sigma_y = \sigma_0 + \frac{k_y}{\sqrt{D}} \tag{3-1}$$

式中 σ_y——屈服强度，MPa；

σ_0——常数，大体相对于单晶体金属的屈服强度，MPa；

k_y——常数，与晶体结构有关；

D——晶粒直径；

晶粒尺寸越是细小，其屈服强度相对越高，经过 1050℃保温 2min 后强风对流冷却的复合板和经过 1080℃保温 3min 后强风对流冷却的复合板分别具有最高屈服强度（347MPa）和最低的屈服强度（323MPa）。

3.5.4 小结

根据 EDS 测试的结合界面附近元素含量变化的分析表明，热处理时提高保温温度、增加冷却速度或缩短保温时间可以有效提高不锈钢侧的 Cr、Ni 元素向碳钢一侧扩散的能力、增加扩散层厚度。

经过不同热处理后的不锈钢复合板结合面呈现线形，其碳钢侧的组织为铁素体+珠光体，晶粒尺寸都随着距离界面尺寸的增加呈现先增加后减少的趋势，当经过不同热处理方式处理后的复合板各个晶粒尺寸范围略有差距，而且各个晶区的厚度也不同。

由于显微组织存在不同，因而其力学性能也不同。经过1050℃保温2min后强风对流冷却的复合板具有最高屈服强度347MPa，经过1080℃保温3min后强风对流冷却的复合板具有最低的屈服强度323MPa；经过1050℃保温2min后不锈钢侧单面水冷的复合板具有最高的抗拉强度509MPa，经过1050℃保温3min后不锈钢侧单面水冷的复合板具有最低的抗拉强度494MPa，整体而言，热处理方式对复合板的抗拉强度影响不是很大；经过1050℃保温3min后不锈钢侧单面水冷的复合板和经过1080℃保温2min后强风对流冷却的复合板具有最高的断后伸长率41.0%，而经过1050℃保温2min后强风对流冷却的复合板具有低的断后伸长率36.5%。

3.6　热处理对不锈钢复合板耐腐蚀性能的影响

经过不同热处理后，基层和覆层的元素发生了扩散、显微组织也发生了变化，这些微观结构的变化将会造成复合板覆层耐腐蚀性能的改变。本节围绕不同经不同热处理工艺处理后的复合板在5%NaCl；溶液中浸泡96h后微观腐蚀对比分析，以确定热处理对其耐腐蚀性能的影响。

3.6.1　纯不锈钢的腐蚀形貌分析

在5%NaCl溶液中浸泡96h后的纯304不锈钢的腐蚀形貌见图3-26。从图3-26可以看出纯不锈钢在5%NaCl溶液中浸泡96h后被严重腐蚀，其腐蚀坑较深，

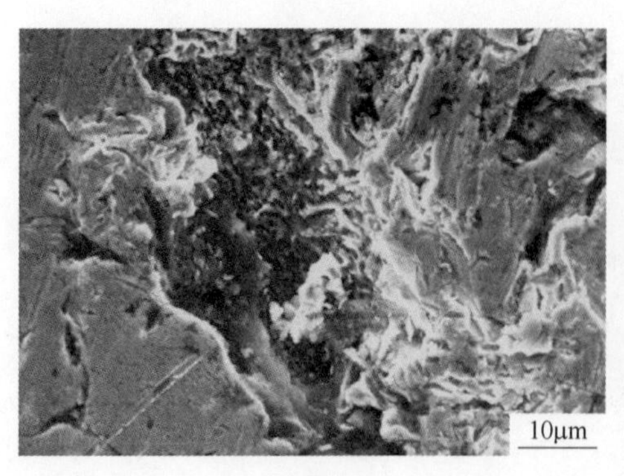

a

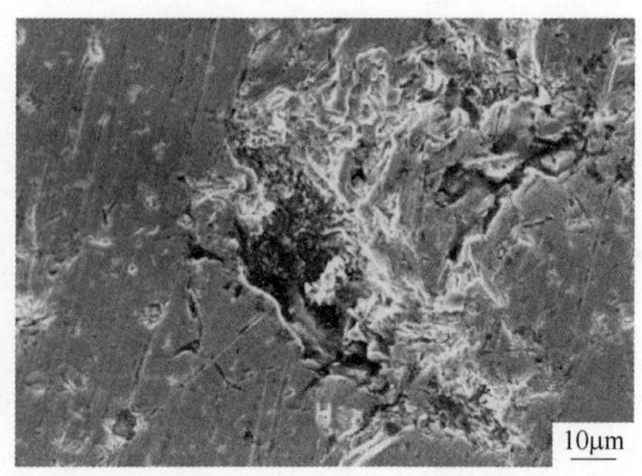

b

图3-26　纯304不锈钢腐蚀形貌

腐蚀面积大，在大的腐蚀坑周围还存在许多的腐蚀点，微小的腐蚀点表面正处于点腐蚀阶段。究其原因，将不锈钢置入5%NaCl溶液中拥有的氯离子浓度较高，首先会在不锈钢表面的抛光痕或凹坑部位形成点蚀，腐蚀点会不断扩展，形成较深较大的腐蚀坑，最终导致材料的失效，该304不锈钢未经过固溶处理，耐氯离子环境腐蚀效果较差。

3.6.2 经不同热处理后不锈钢复合板的腐蚀形貌分析

经过不同热处理后的不锈钢复合板在5%NaCl溶液中浸泡96h后利用SEM观察不锈钢侧腐蚀形貌，其腐蚀形貌见图3-27。

经过1050℃保温3min后强风对流冷却处理的复合板在5%NaCl溶液中浸泡96h后的不锈钢侧腐蚀形貌如图3-27a所示，其腐蚀坑较大，尺寸较304不锈钢的小一些，可能原因是其冷却速度较慢，元素扩散较充分，不锈钢侧Cr、Ni元素含量有所降低，导致其耐腐性有所降低，但其耐蚀性能较304不锈钢稍好一些。

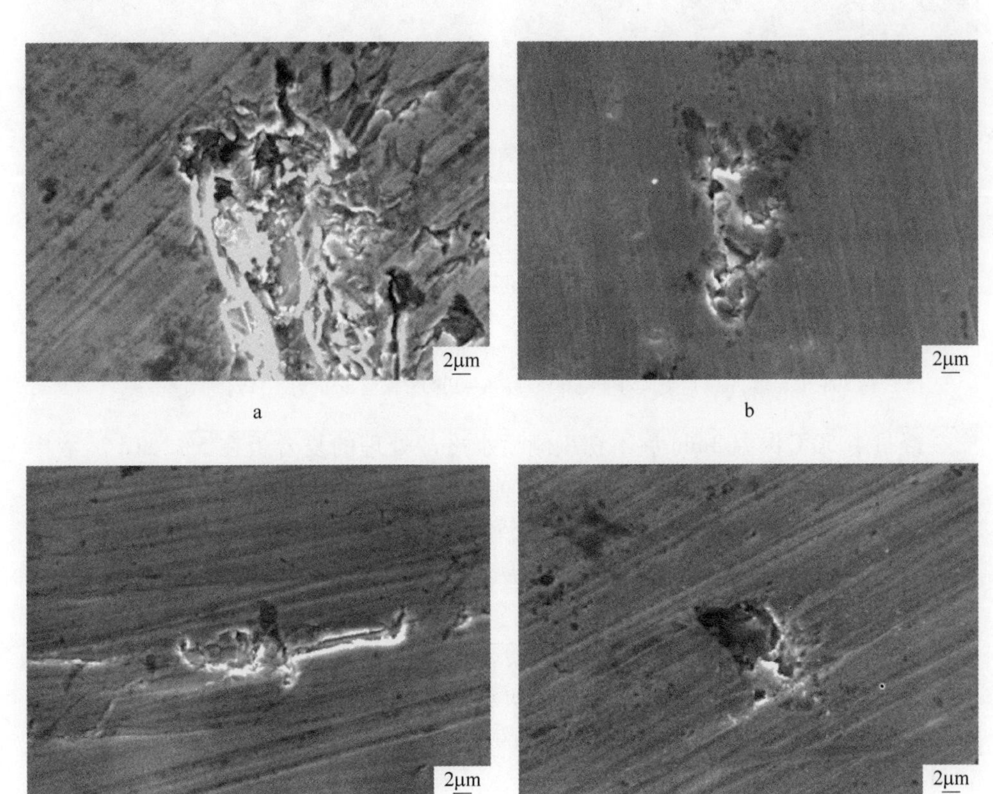

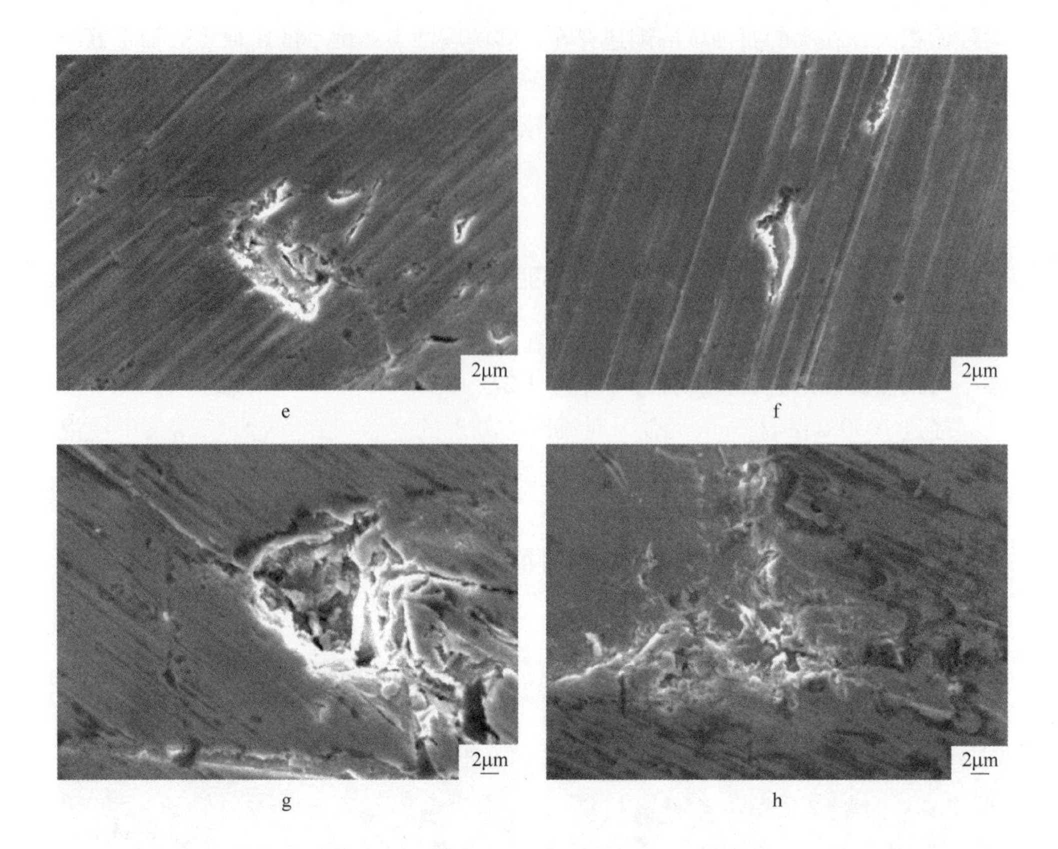

图 3-27　不同工艺处理后的复合板腐蚀形貌

a—1050℃保温 3min 后强风对流冷却处理；b—1050℃保温 3min 后不锈钢侧喷水处理；
c—1050℃保温 2min 后强风对流冷却处理；d—1050℃保温 2min 后不锈钢侧喷水处理；
e—1080℃保温 3min 后强风对流冷却处理；f—1080℃保温 3min 后不锈钢侧喷水处理；
g—1080℃保温 2min 后强风对流冷却处理；h—1080℃保温 2min 后不锈钢侧喷水处理

经过 1050℃保温 3min 后不锈钢侧喷水冷却处理的复合板在 5%NaCl 溶液中浸泡 96h 后的复合板不锈钢侧腐蚀形貌如图 3-27b 所示，腐蚀坑较图 3-27a 的腐蚀坑要小，在腐蚀坑周围可以看到一些较较小的腐蚀点，可能是因为冷却速度较快，起到了一定的固溶处理作用，其耐腐蚀性较经过 1050℃保温 3min 后强风对流冷却处理的复合板要好一些。

经过 1050℃保温 2min 后强风对流冷却处理的复合板在 5%NaCl 溶液中浸泡 96h 后的不锈钢侧腐蚀形貌如图 3-27c 所示，可以看出，其腐蚀坑较小，腐蚀坑沿着划痕方向，说明划痕缝隙称谓腐蚀的开始点，之后腐蚀点不断扩大，最终导致材料的失效。

经过 1050℃保温 2min 后不锈钢侧喷水冷却处理的复合板在 5% NaCl 溶液中浸泡 96h 后的复合板不锈钢侧腐蚀形貌如图 3-27d 所示，其特点是腐蚀坑小，周围存在细小的腐蚀点，但并不是很明显，其热处理工艺保温温度相对较低、保温时间短、冷却速度快，C、Cr、Ni 元素扩散并不是特别充分，且 Cr、Ni 基本固溶，其耐蚀性相对较好。

经过 1080℃保温 3min 后强风对流冷却处理的复合板在 5%NaCl 溶液中浸泡 96h 后的不锈钢侧腐蚀形貌如图 3-27e 所示，同样的，其腐蚀凹坑小，但周围腐蚀点较多，耐腐蚀性能相对较差一些。

经过 1080℃保温 3min 后不锈钢侧喷水冷却处理的复合板在 5%NaCl 溶液中浸泡 96h 后不锈钢侧腐蚀形貌如图 3-27f 所示，其腐蚀坑是所有几块复合板中最小的，说明其耐氯离子腐蚀效果是最好的，该热处理方式保温温度较高，保温时间长、冷却速度快，其元素扩散也相对充分，但其耐腐蚀性能却最好。

经过 1080℃保温 2min 后强风对流冷却处理的复合板在 5%NaCl 溶液中浸泡 96h 后的不锈钢侧腐蚀形貌如图 3-27g 所示，其腐蚀点较大，腐蚀开始于划痕位置，周围存在较小腐蚀点。

经过 1080℃保温 2min 后不锈钢侧喷水处理的复合板在 5%NaCl 溶液中浸泡 96h 后的不锈钢侧腐蚀形貌如图 3-27h 所示，其腐蚀点较大，该热处理方式保温温度高，保温时间短、冷却速度快，导致了不锈钢侧存在较大残余应力，较大的残余应力提供了不锈钢应力腐蚀的应力条件；另一方面，NaCl 溶液存在大量的氯离子，这就为不锈钢腐蚀应力腐蚀提供了腐蚀环境条件。不锈钢表面会在一些特殊的部位（如缝隙位置）首先发生点蚀，之后在应力腐蚀条件下发生应力腐蚀。

3.6.3 小结

未经固溶处理的纯 304 不锈钢在经过 5%NaCl 溶液浸泡 96h 后的腐蚀坑直径达 20μm 多，说明在氯离子环境中奥氏体不锈钢的耐腐蚀性极差；在经过 1080℃保温 3min 后不锈钢侧喷水冷却处理的不锈钢复合板的腐蚀坑直径仅 2μm，经过该热处理方式处理的不锈钢复合板具有更好的耐氯离子环境腐蚀的性能。

3.7 结论

（1）热处理后，复合板中的元素发生扩散，由于 C 元素较轻，其对能谱不敏感，导致难以对其元素含量、分布和扩散距离进行测定；而 Cr、Ni、Mn 等元素的扩散程度随着加热温度、保温时间、冷却方式的变化而变化。

（2）经过不同热处理后的不锈钢复合板结合面均呈直线形，其碳钢侧的组织为铁素体+珠光体，晶粒尺寸都随着距离界面尺寸的增加呈现先增大后减小的趋势，当经过不同热处理方式处理的复合板各个晶粒尺寸范围略有差距，而且各个晶区的厚度也不尽相同。

（3）由于显微组织不同，因而其力学性能也不尽相同，经过 1050℃ 保温 2min 后强风对流冷却的复合板具有最高屈服强度 347MPa，经过 1080℃ 保温 3min 后强风对流冷却的复合板具有最低的屈服强度 323MPa；经过 1050℃ 保温 2min 后不锈钢侧单面水冷的复合板具有最高的抗拉强度 509MPa，经过 1050℃ 保温 3min 后不锈钢侧单面水冷的复合板具有最低的抗拉强度 494MPa，整体而言，热处理方式对复合板的抗拉强度影响不是很大；经过 1050℃ 保温 3min 后不锈钢侧单面水冷的复合板和经过 1080℃ 保温 2min 后强风对流冷却的复合板具有最高的断后伸长率 41.0%，而经过 1050℃ 保温 2min 后强风对流冷却的复合板具有低的断后伸长率 36.5%。

（4）纯不锈钢在 5% NaCl 溶液浸泡 96h 后的腐蚀坑最大，耐腐蚀性能相对较差；经过 1080℃ 保温 3min 并对不锈钢侧喷水处理后的不锈钢复合板腐蚀坑最小，说明其具有最好的耐腐蚀性能。

（5）综合对比分析各复合板的力学性能和耐蚀性能，不难发现 SUS304/Q235 真空热轧不锈钢复合板的最佳热处理工艺为：1080℃ 保温 3min 后对不锈钢侧单面喷水冷却处理。

4 不锈钢复合板的组织与力学性能

4.1 力学性能分析

对不锈钢复合板力学性能检验的数据分析统计，具体结果见表4-1。

表4-1 不锈钢复合板力学性能检验的数据分析统计

厚度规格 /mm	项目	上屈服强度 R_{eH}/MPa	抗拉强度 R_m/MPa	断后伸长率 A/%	内弯	外弯	结合率 /%
1.5	最大值	523	601	41	合格	合格	100
	最小值	386	505	31			
	平均值	457	559	35			
1.6	最大值	445	535	44.5	合格	合格	100
	最小值	358	502	39.5			
	平均值	392	514	41.3			
2.0	最大值	495	580	45	合格	合格	100
	最小值	334	465	26			
	平均值	428.3	534.5	36.9			
2.5	最大值	421	543	47	合格	合格	100
	最小值	351	462	23.5			
	平均值	398.4	517	40.2			
3.0	最大值	438	552	43	合格	合格	100
	最小值	335	491	30			
	平均值	405.7	527	38			
3.5	最大值	400	529	35	合格	合格	100
	最小值	367	501	30			
	平均值	387.8	515.2	33.3			
4.0	最大值	485	580	44	合格	合格	100
	最小值	325	471	26.5			
	平均值	384.4	515.8	37.6			

续表 4-1

厚度规格 /mm	项目	上屈服强度 R_{eH}/MPa	抗拉强度 R_m/MPa	断后伸长率 A/%	内弯	外弯	结合率 /%
5.0	最大值	396	520	45.5	合格	合格	100
	最小值	285	470	31.5			
	平均值	357	492.8	38.7			
6.0	最大值	396	528	46.5	合格	合格	100
	最小值	286	423	28			
	平均值	340	483.1	38.7			
7.0	最大值	396	528	46.5	合格	合格	100
	最小值	286	423	28			
	平均值	340	483.1	38.7			

4.2 组织结构分析

Q235 碳钢基板和不锈钢材料金相组织形貌见图 4-1 和图 4-2。图 4-3 和图 4-4 分别为常用的厚度规格为 2.5mm 和 3.0mm 的材料的金相形貌。

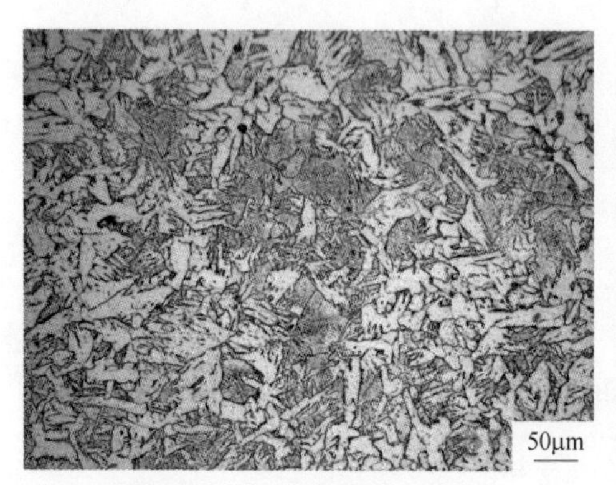

图 4-1 碳钢金相组织形貌

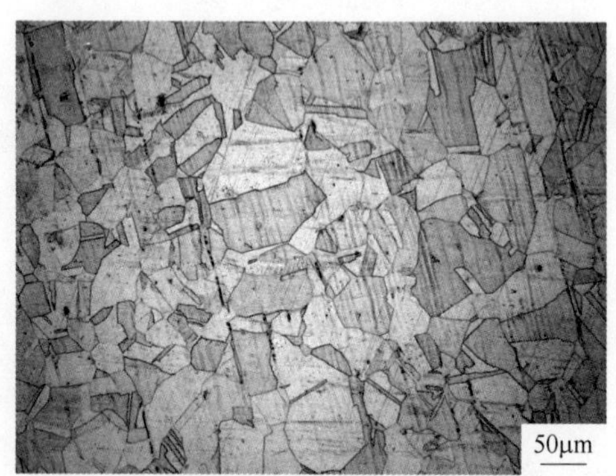

图 4-2 SUS304 金相组织形貌

从图 4-3 所示的金相形貌中可以看到，热轧不锈钢复合材料结合界面近不锈钢侧形成了宽度约为 200μm 的相对纯净的铁素体层，而在远离结合界面处碳钢的组织中形成了呈现带状分布的形貌。不锈钢侧的金相组织照片中，可以观察到试验材料得到的奥氏体晶粒较细，部分晶粒被拉长，晶界紊乱。

从图 4-4 可以看到，试验材料碳钢侧的金相组织形貌中可以看到呈现带状分

图 4-3 2.5mm 热轧不锈钢复合材料金相组织形貌
a—碳钢侧的组织形貌；b—不锈钢侧的组织形貌

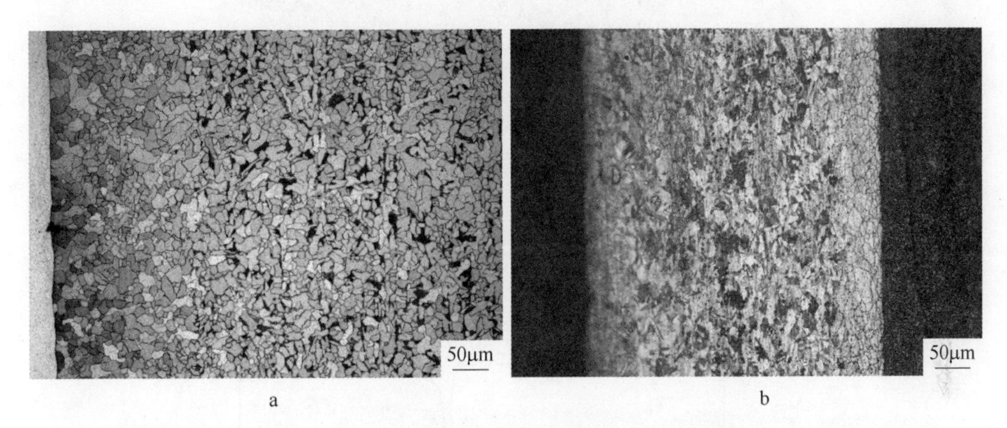

图 4-4 3.0mm 热轧不锈钢复合材料金相组织形貌
a—碳钢侧的组织形貌；b—不锈钢侧的组织形貌

布的组织，在靠近不锈钢侧形成了约为 300μm 的细小铁素体层，其晶粒有被拉长的迹象。不锈钢组织晶粒拉长，晶界较为紊乱。

热轧不锈钢复合材料，碳钢中原来相对均匀分布的珠光体+铁素体组织被破坏，呈现了带状或断带状形貌，这些带状分布的珠光体或渗碳体主要在铁素体的晶界处，试验材料碳钢层特别是靠近结合界面处的晶粒被拉长，这种情况的变化从图 4-1、图 4-3a 和图 4-4a 中的组织形貌的变化中可以看到。试验材料的不锈钢中原来分布均匀的奥氏体形貌同样被破坏，出现了较严重的晶粒拉长，且晶界紊乱的现象，这从材料的金相照片图 4-2、图 4-3b 和图 4-4b 中的形貌变化中就能明显地看到。

从图 4-3a 和图 4-4a 中的碳钢侧的金相照片可以看到，在靠近结合界面处，材料有较明显的、厚度较大的、相对纯的铁素体。产生这种现象的主要原因是，材料在热轧过程中，碳钢层靠近不锈钢侧的合金元素 C 在小范围内向不锈钢侧发生了扩散，造成了试验材料结合界面处的碳钢层形成宽具有一定宽度的晶粒被拉长的铁素体层。从材料的金相照片图 4-2、图 4-3b 和图 4-4b 中的形貌变化中进一步可以证明。

通过扫描电子显微镜的分析表明，材料在轧制实现结合后，合金元素 Cr、Ni 等也发生扩散，见图 4-5～图 4-7。

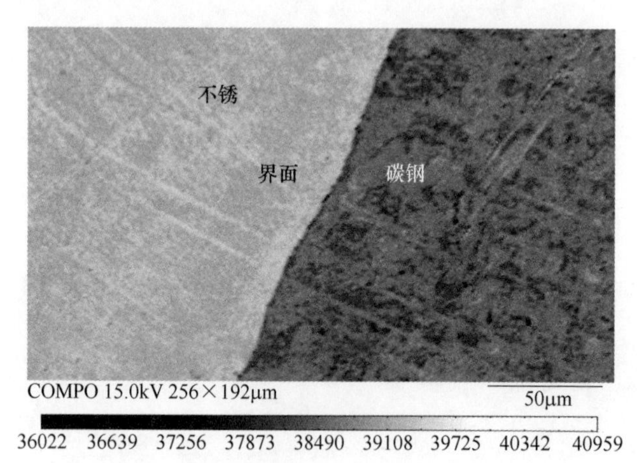

图 4-5　不锈钢复合板结合界面的 SEM 形貌

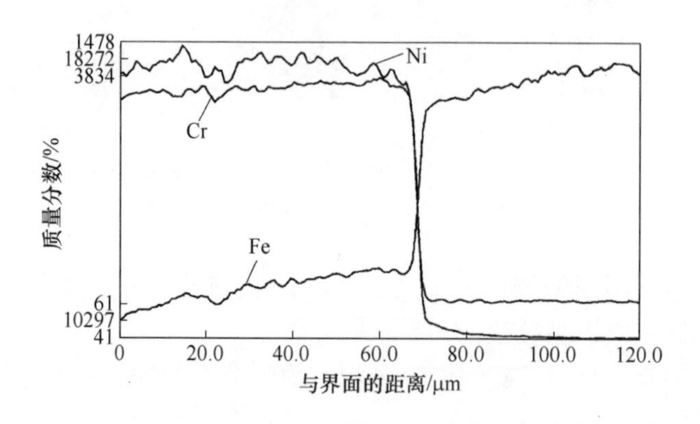

图 4-6　不锈钢复合板结合界面的 EDX 特征图

由于合金元素 C、Cr、Ni 等元素在轧制过程中发生了扩散，两种材料在压力加工中，实现了金属原子的冶金结合；此外，材料在轧制过程中形成的带状形貌，破坏了金属材料在供货状态条件下本身具有的各向异性，造成不锈钢复合材料在力学性能上与基材 Q235 及 SUS304 不锈钢材料均有差异。

根据 GB/T 6396—2006 对 4～7mm 的热轧不锈钢复合板的界面进行抗剪强度

图 4-7 不锈钢复合板结合界面的 EDX 特征图

试验，测试结果均大于 300MPa，远大于 GB/T 8165—2008 中规定的Ⅰ级和Ⅱ级抗剪强度大于 210MPa 的相关规定，具体的检验报告见附件中。

4.3 弯曲试验

热轧不锈钢复合板根据 GB/T 6396—2008 进行内、外弯曲试验未发现裂纹和分层现象，结合度为 100%，分离率 C 为 0%，见图 4-8，说明不锈钢复合板可以满足加工要求。

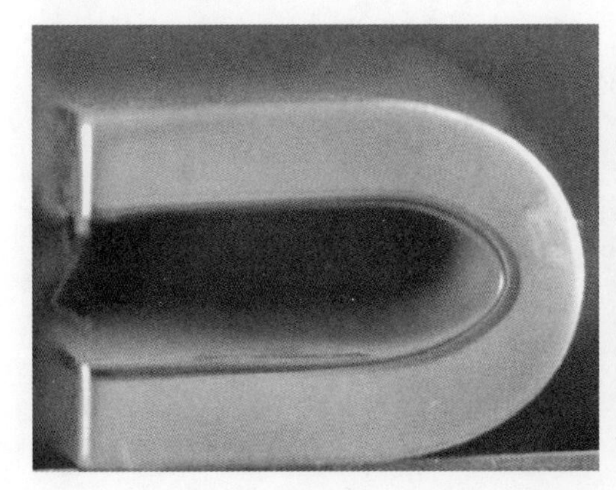
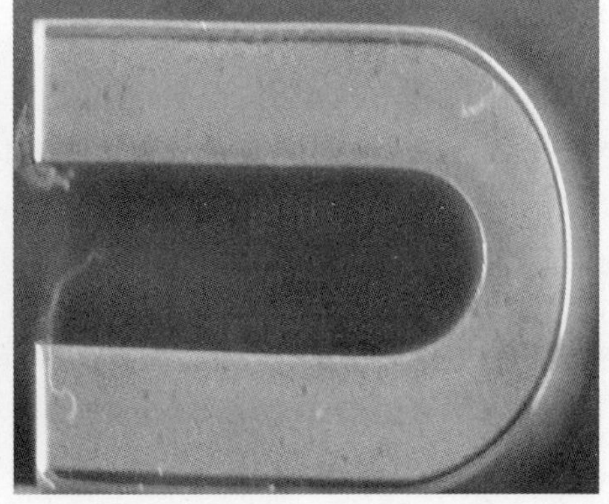

图 4-8 热轧不锈钢复合材料内外弯曲宏观形貌

对复合材料弯曲样品进行显微分析，弯曲变形后不锈钢与碳钢结合良好，未发现微观的裂纹和分层，见图 4-9。

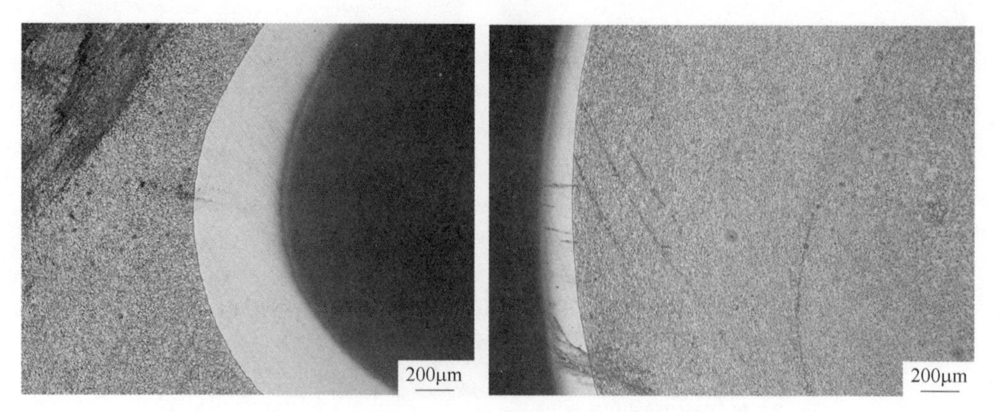

图 4-9　热轧不锈钢复合材料内外弯曲显微分析

5 层状复合材料在室温单向载荷下的变形协调性研究

层状复合材料组元金属虽仍保持各自原有的特性，但层状金属复合材料的物理、化学、力学性能等要优于单一组元材料的各项性能。在实际的生产应用中，不管是其制备还是使用，因层状复合材料的基层与覆层间变形抗力始终存在差异，其均匀变形的性能始终受到这一因素的制约。所以在某些受力比较复杂的情况下，就会存在两组元材料因受力不均匀而导致的变形不均匀的问题。尤其是在室温下，相对于在高温下变形，两种材料的性能差异可能更大，两者在变形时可能会互相制约，在内部产生剪切应力，当剪切应力累积到一定的程度时，就可能造成材料开裂或断裂，最终导致复合材料失效。

5.1 试验方法

5.1.1 试验步骤

本试验材料是云南昆钢新型复合材料开发有限公司生产的 Q235/06Cr19Ni10 层状不锈钢复合材料，Q235 普碳钢作为基层，06Cr19Ni10 奥氏体不锈钢作为覆层，通过真空热轧复合工艺进行复合，再从板料上使用电火花切割机切割出试样形状，经过表面处理后进行力学试验。

5.1.2 真空热轧复合工艺流程

真空热轧复合技术最早是由日本在 20 世纪 80 年代发明的。该方法将切割后的碳钢基板和不锈钢复合板的待复合面进行表面处理以使其处于物理纯净状态时，再在高真空条件下，使用热轧复合实现组坯间的结合。该方法可以保证复合界面的洁净度，杜绝界面因高温出现的氧化现象，从而提高界面结合强度。

Q235/06Cr19Ni10 层状复合材料复合工艺总流程如图 5-1 所示。

5.1.3 拉伸试验

5.1.3.1 拉伸试样制备

Q235/06Cr19Ni10 层状金属复合材料的拉伸性能是考察该材料质量的重要指标，所以拉伸试验能够比较直观了解材料的力学性能，并通过拉伸断裂过程研究

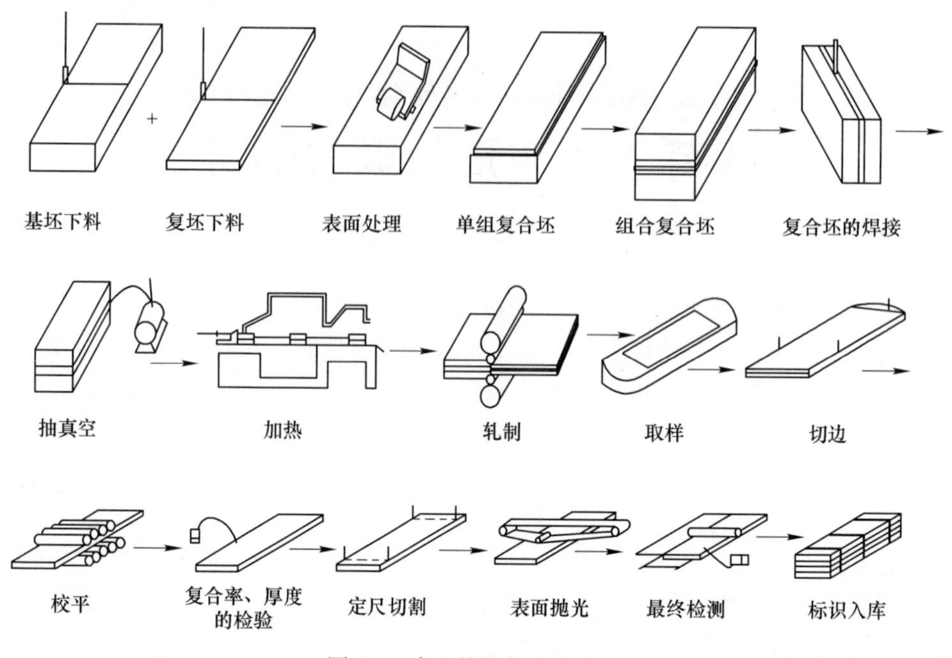

图 5-1　真空热轧复合示意图

该材料的变形规律，了解其变形协调性能。

A　切割

拉伸试样形状和尺寸根据轧制复合材料的各组元厚度来决定，拉伸试样设计为板料，由于需要考察复合比对材料拉伸力学性能和变形协调性的影响，需将材料按复合比分别为25%、50%和75%（标距区内）进行切割成若干试样。所有拉伸试样使用电火花线切割机在真空热轧复合的大块材料上进行切割。

拉伸试样规格：标距区长度 $l_0=20$mm，宽度 $t=4$mm，厚度 $t=1$mm。外形如图所示，所有试样真实尺寸如图 5-2 所示。

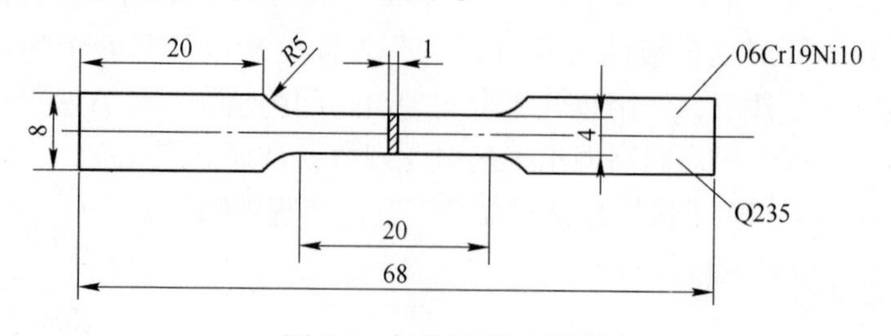

图 5-2　拉伸试样示意图

B　研磨抛光

拉伸试样在切割完毕之后，表面会产生线切割的痕迹，这些线切割痕迹在拉伸过程中可能会产生应力集中从而导致裂纹萌发，所以需要对试样表面进行磨削、抛光，尽量消除应力集中和裂纹提前萌生的条件。

磨削分为粗磨与细磨。粗磨主要使用220号的砂纸进行粗磨，粗磨的目的主要是将试样表面的线切割痕迹与氧化物打磨干净，保证观察表面的平整。

将线切割的痕迹打磨干净后，使用400号砂纸进行水磨，一直磨到2000号砂纸为止，磨制顺序为400号→600号→800号→1000号→1200号→1500号→2000号砂纸。

磨制时必须要注意界面与磨制方向的角度。由于基材与覆材间的硬度有一定的差异，为防止基覆材间的磨损量不一致从而可能出现厚度不均匀或者台阶，所以方向要始终与复合界面线呈45°的夹角，直到上一道次的划痕消失。

抛光使用W0.5高效金刚石抛光剂在抛光布上进行抛光。

5.1.3.2 拉伸试验过程

拉伸试验在室温下进行，所有试样按照复合比划分为三组进行试验，分别为06Cr19Ni10占标距区体积分数的25%、50%、75%，每组4个试样，每组试样又分别按$0.05s^{-1}$、$0.01s^{-1}$、$0.001s^{-1}$、$0.0005s^{-1}$拉伸速率进行拉伸。

试验在WDW-100万能力学试验机上进行。

5.1.4 单向压缩试验

压缩试验试样将采用不同方向切割，使其复合界面与压缩方向呈现不同的角度，分别取0°、30°、45°、90°，分为四组，各组元材料体积分数均为50%左右，每组又分别按不同的压下率进行压缩，考察和分析复合界面与压缩载荷之间的角度和压缩率对材料变形行为及力学性能的影响，同时分析复合材料的流变规律。

5.1.4.1 压缩试样制备

压缩试样同样使用电火花线切割机切割，由于需要观察表面变形特征，所以试样采用矩形试样，以方便表面研磨抛光。

压缩试样分四组切割，分别是压缩载荷方向与复合界面的角度呈0°、30°、45°和90°，试样规格为4mm×4mm×10mm。试样示意图如图5-3所示。

压缩试样对周围4个平面进行研磨，研磨抛光方法与拉伸试样相同。

5.1.4.2 压缩试验过程

所有试样均在$0.01s^{-1}$应变速率下压缩，试验设备为万能力学试验机。

5.1.5 微观结构分析

物相的分析与观察结合金相观察和XRD进行分析，对Q235/06Cr19Ni10层

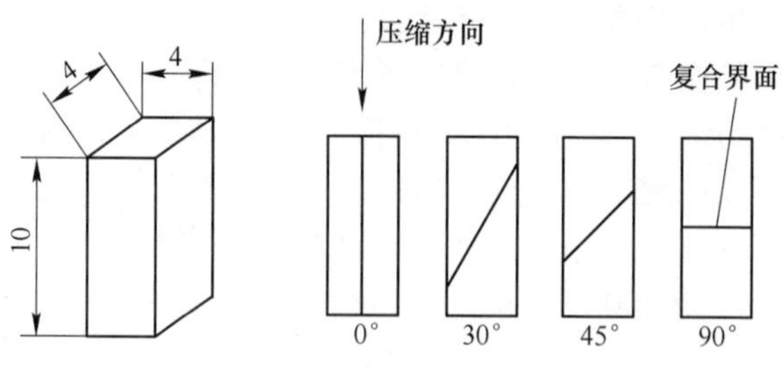

图 5-3　压缩试样示意图

状复合材料的组织、物相、成分等进行测试，特别是对复合界面附近的新生相进行观察。

5.1.5.1　金相观察

金相观察的目的是为了观察 Q235/06Cr19Ni10 层状复合材料在变形前后的组织变化。由于 Q235 低碳钢主要成分是铁素体和珠光体，室温变形不发生相变，所以制备金相主要是观察 06Cr19Ni10 不锈钢材料的组织在变形发生的相变。

Q235/06Cr19Ni10 层状复合材料金相试样的制备方法与单一均质材料的制备方法有所差异。金相试样研磨抛光方法与制备拉伸压缩试样方法基本相同，这里不再作叙述。由于 Q235 普碳钢与 06Cr19Ni10 奥氏体不锈钢的耐腐蚀性能相差很大，所以两者材料的腐蚀液也有所差别。一般来说，Q235 普碳钢使用硝酸酒精溶液腐蚀即可，06Cr19Ni10 奥氏体不锈钢由于耐腐蚀性极强，可以采用王水或氢氟酸硝酸溶液进行腐蚀。

本实验中使用浓度约为 6.5%的硝酸酒精对 Q235 进行腐蚀，06Cr19Ni10 奥氏体不锈钢使用氢氟酸硝酸溶液进行腐蚀，溶液配比为氢氟酸（HF）：盐酸（HCl）：水=1：3：1。

具体腐蚀方法为先使用脱脂棉球蘸取硝酸酒精均匀涂抹在 Q235 低碳钢表面，待表面呈现银灰色后使用大量清水与无水酒精清洗，烘干后观察。Q235 观察完之后，同样使用脱脂棉球蘸取氢氟酸硝酸溶液涂抹于 06Cr19Ni10 奥氏体不锈钢表面，由于不锈钢耐蚀性强，需要反复腐蚀两到三次，再进行观察。观察设备为 Laica 光学金相显微镜。

图 5-4a 显示的是 06Cr19Ni10 不锈钢层中心位置的金相组织，如图所示，06Cr19Ni10 中晶粒为白色不规则形状，结果显示 06Cr19Ni10 为单相奥氏体组织。

图 5-4b 为 06Cr19Ni10 单向奥氏体不锈钢界面附近区域的金相组织。在靠近复合界面约 100~150μm 区域内的晶粒比较细小，尺寸相对于其他区域的晶粒要小很多，并且在晶界轮廓上比较明显，这可能因为在轧制过程中，由于高温使 Q235 中的 C 原子扩散通过界面到达不锈钢层所致，在 06Cr19Ni10 材料靠近界面

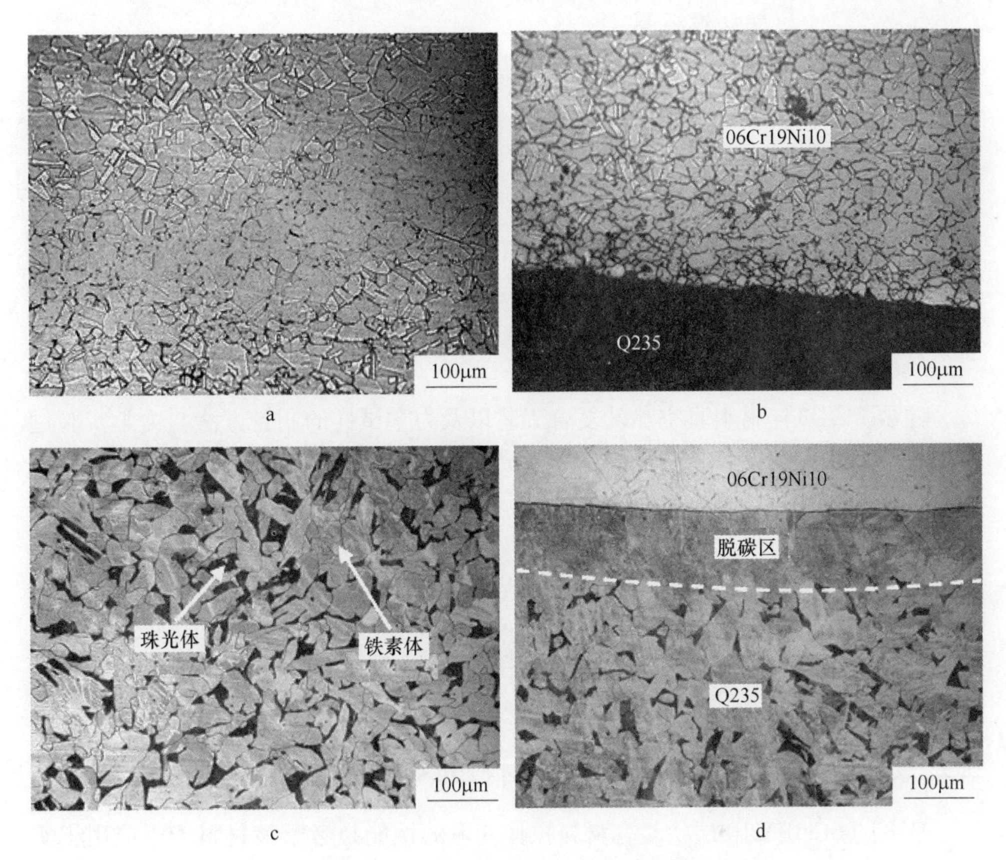

图 5-4 Q235/06Cr19Ni10 层状复合材料金相组织
a—06Cr19Ni10；b—06Cr19Ni10 界面附近；c—Q235；d—Q235 界面附近

的过渡区域与 Cr 与 Ni 等元素发生反应，产生脆性组织，同时在轧制的强大压力下，发生破碎。

图 5-4c 为 Q235 普碳钢金相组织，Q235 组织主要是铁素体+珠光体，白色的铁素体占大部分，深色的珠光体夹杂分布于铁素体之间。

图 5-4d 为 Q235 普碳钢界面附近的金相组织，接近界面 100μm 宽度的区域内没有珠光体存在，同样出现了由于脱碳与 Cr 原子扩散而产生的过渡区组织，此区域由于 Cr 元素增加，耐腐蚀能性增强，所以没有腐蚀出清晰的晶界。

在实际生产中真空热轧不锈钢层状复合材料宏观界面附近通常都存在 C 的扩散区与 Cr、Ni 扩散区。在高温条件下，不锈钢中的 Ni、Cr 等元素会向碳钢扩散，碳钢界面附近的 C 元素会向不锈钢扩散，造成碳钢界面附近区域 C 元素含量减少，产生脱碳现象。

5.1.5.2 扫描电镜观察

力学实验之后，使用 Hitachi-TM 3000 扫描电镜观察试样的表面特征以及断口形貌。

5.1.5.3 X 射线衍射

本实验中使用 X 射线衍射对不锈钢复合材料在热轧后以及变形之后覆层 06Cr19Ni10 不锈钢组元部分物相进行测试。

5.1.6 小结

主要介绍试样材料真空热轧复合工艺以及力学试样的制备方法与力学实验过程，并对其中一些需要重要注意的事项进行说明。同时通过金相观察与 XRD 对材料原始组织和物相进行分析。在实验过程中忠实记录相关的数据和实验现象，为此后的科学分析奠定基础。

对经过真空轧制复合的 Q235/06Cr19Ni10 层状复合材料初始组织的分析结果显示，各组元材料中央晶粒尺寸各个方向上比较均匀，Q235 组织主要是珠光体+铁素体，06Cr19Ni10 中主要为奥氏体。在复合界面处产生约 200~300μm 宽的过渡区。

5.2 Q235/06Cr19Ni10 层状复合材料的室温拉伸变形协调性

Q235/06Cr19Ni10 层状复合材料拉伸变形的性能是考察该材料能否应用于实际中的重要指标。因为 Q235 与 06Cr19Ni10 两者在抗拉强度，伸长率等力学性能方面有较大差距，所以在变形时两者会相互影响和制约，出现牵动效应，发生内部剪切应力集中；此外 06Cr19Ni10 材料具有非常明显的应变速率敏感性和应变强化效应，所以复合材料的整体力学性能受不锈钢影响很大。本章采取单向拉伸试验，对不同复合比例及不同拉伸变形速率下 Q235/06Cr19Ni10 层状复合材料的力学性能与变形协调性能进行研究，之后使用扫描电镜对断口形貌进行观察分析，并使用金相观察对 06Cr19Ni10 中是否具有马氏体转变进行分析。

5.2.1 拉伸速率对力学性能及变形协调性的影响

5.2.1.1 拉伸速率对力学性能的影响

材料拉伸力学性能主要指标包括屈服强度 R_e、抗拉强度 R_m、断后伸长率 δ 和断面收缩率 ψ。

拉伸试验数据的分析主要是计算拉伸试样的工程应变、工程应力以及真应变和真应力的值，并使用 Origin 软件绘制曲线图。万能力学实验机记录了载荷与位

移 P-ΔL 曲线数据，工程应变 ε 与工程应力 σ 计算公式如下：

$$\varepsilon = \frac{l - l_0}{l_0} = \frac{\Delta l}{l_0} \tag{5-1}$$

$$\sigma = \frac{P}{A_0} \tag{5-2}$$

式中 Δl——位移，mm；

l_0——标距区原始长度，mm；

P——载荷，kN；

A_0——标距区原始横截面积，mm^2；

真应变 s 与真应力 e 计算公式如下：

$$s = \ln(1 + \varepsilon) \tag{5-3}$$

$$e = \sigma\ln(1 + \varepsilon) \tag{5-4}$$

图 5-5 是 06Cr19Ni10 体积分数占 50%的拉伸试样的真应力-真应变曲线图。可以看出塑性金属材料的拉伸变形过程主要分为：弹性变形阶段、屈服阶段、均匀塑性变形阶段、局部变形的颈缩阶段。

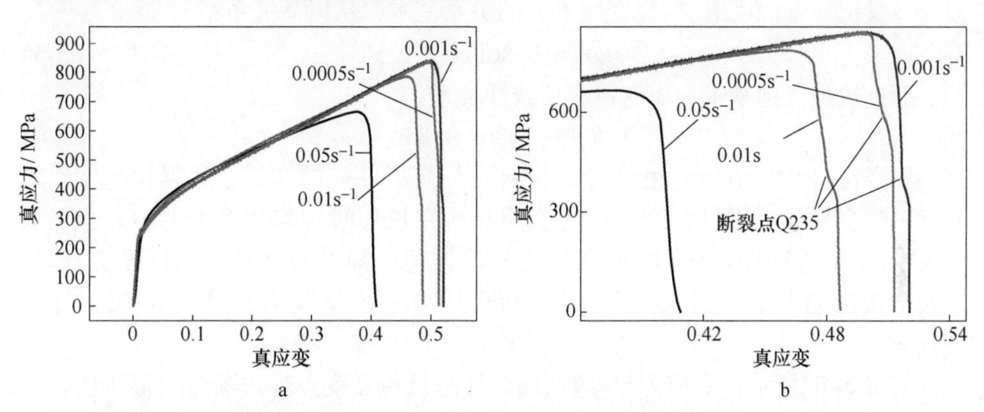

图 5-5 不同拉伸速率下 Q235/06Cr19Ni10 层状复合材料的真应力—真应变曲线
a—整体曲线；b—Q235 断裂点

如图 5-5a 所示，在弹性变形阶段，在较大的拉伸速率（$0.05s^{-1}$）下，弹性变形与塑性变形阶段过渡比较圆滑，屈服不明显，没有明显的屈服平台出现；随着应变速率降低，屈服现象发生的愈加明显，在 245~290MPa 的区间范围内出现了明显的屈服平台；且随着应变速率增加，屈服强度逐渐增加，如图 5-6 和表5-1 所示。这主要是因为随着拉伸速率的增大，位错运动也变得更加困难，屈服强度增加。

在塑性变形强化阶段，拉伸速率为 $0.05s^{-1}$时，抗拉强度 R_m约为 665MPa，断后伸长率 δ 为 41%；拉伸速率减小到 $0.01s^{-1}$时，抗拉强度 R_m约为 784MPa，断后

表 5-1　不同拉伸速率下的 Q235/06Cr19Ni10 拉伸试样的力学性能指标

拉伸速率/s^{-1}	屈服强度/MPa	抗拉强度/MPa	断后伸长率/%	屈强比 $R_{p0.2}/R_m$
0.05	285	665	41	0.428
0.01	261	784	48	0.333
0.001	245	836	52	0.293
0.0005	240	837	51	0.287

伸长率 δ 为 48%；当拉伸速率为 0.001s^{-1}时，抗拉强度 R_m 达到了 836MPa，断后伸长率 δ 为 52%。但是在拉伸速率低于 0.001s^{-1}之后，拉伸速率 0.0005s^{-1}与 0.001s^{-1}相比抗拉强度与断后伸长率没有增长，反而有略微下降。并且在真应变大于 0.3 至颈缩前阶段，真应力—真应变曲线接近直线，说明应力与应变基本呈线性关系。由此可见，在高应变速率下，力学性能指标对应变速率敏感，且随着应变速率的降低，抗拉强度和伸长率都有显著提高；在低应变速率下，力学指标对应变速率不敏感，拉伸速率变化对材料的各项性能影响很小。

之后又对表中屈服强度与抗拉强度的关系进行探究，使用散点图对曲线进行拟合，发现屈服强度 R_e 与应变速率 $\dot{\varepsilon}$ 的关系基本服从以下关系：

$$\ln\sigma \approx 0.36\ln\dot{\varepsilon} + 2.5 \tag{5-5}$$

而抗拉强度则基本与应变速率呈线性关系：

$$R_m \approx 3400\dot{\varepsilon} + 830 \tag{5-6}$$

屈强比（$R_{p0.2}/R_m$），也是考察材料均匀变形性能的指标，屈强比越高，表明材料越容易发生脆性断裂，反之说明材料在拉伸时均匀变形的能力越强。表 5-1 中显示 Q235/06Cr19Ni10 的屈强比随拉伸速率降低而降低，抗拉强度升高，也就是说随着拉伸速率减小，Q235/06Cr19Ni10 层状复合材料变形加工性能越好。

如图 5-5b 所示，真应力-真应变曲线通过抗拉强度点进入颈缩变形阶段，在拉伸应变速率为 0.01s^{-1}、0.001s^{-1}和 0.0005s^{-1}时出现了明显的台阶转折，应变较转折之前曲线的走势有所增加，结合在实验过程中观察到复合材料 Q235 部分先断裂、06Cr19Ni10 后断裂的现象，可以推测曲线发生转折的地方是应该是 Q235 的断裂强度，最终的曲线平台为 06Cr19Ni10 的断裂点。而在 0.05s^{-1}拉伸速率下，由于速率较快，两组元材料几乎同时断裂，所以转折不明显，曲线较平滑。

5.2.1.2　断口形貌与表面变形特征分析

在拉伸试样断裂之后，我们将试样放置在扫描电镜下观察其断口形貌及表面特征。

A　断面收缩率

如图 5-6 所示，所有试样在拉伸断裂之后，标距区厚度与宽度均大幅度减小，断口面积相对于现截面面积与原截面面积均有所收缩，在颈缩前材料一直处于均匀塑性变形状态，根据图 5-6 测量断口面积，结果表明所有试样的整体的断面轮廓内的垂直面积并没有很大的区别，所有试样的整体断面收缩率基本在 65%左右。结果表明，拉伸速率变化对于试样整体的断面收缩率没有明显的影响。

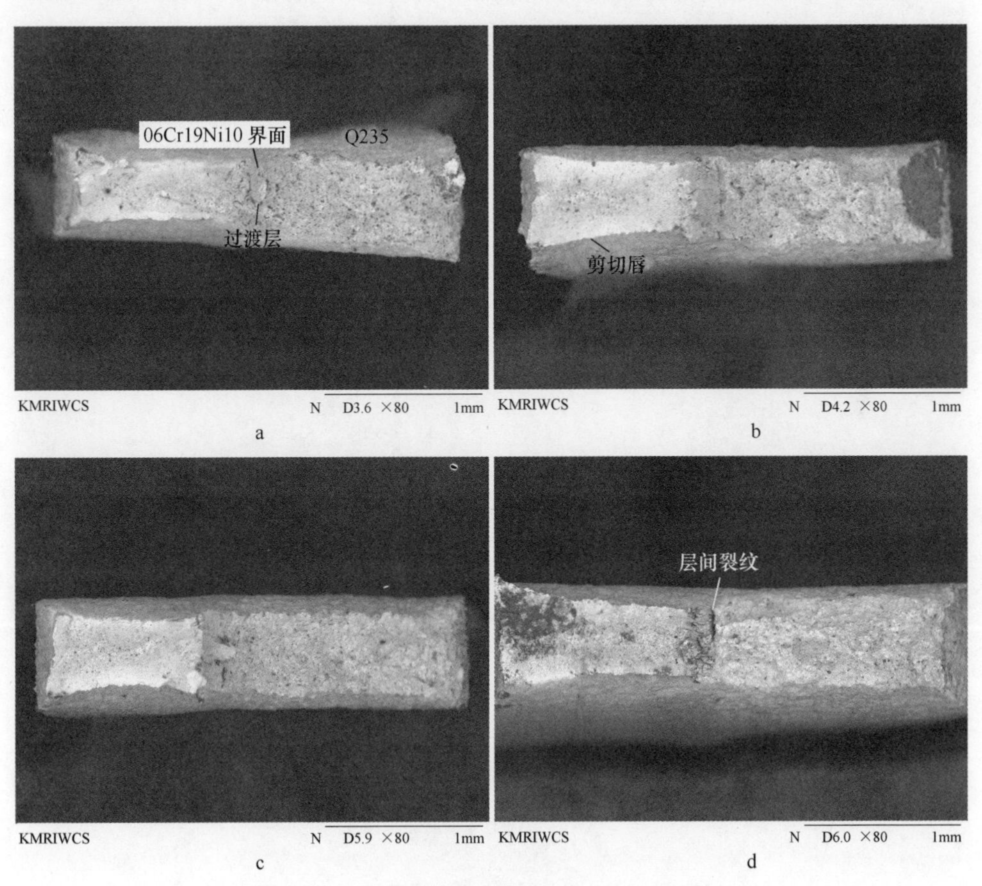

图 5-6　不同拉伸速率下拉伸试样断口整体形貌

a—$0.05s^{-1}$；b—$0.01s^{-1}$；c—$0.001s^{-1}$；d—$0.0005s^{-1}$

每一个试样中 06Cr19Ni10 断面的缩小的程度明显大于 Q235 断面的缩小程度。通过计算 06Cr19Ni10 不锈钢组元的平均的断面收缩率 75%，并且在断口边缘产生比较明显的剪切唇，而 Q235 低碳钢材料层的平均断裂收缩率为 62%，剪切唇不明显。06Cr19Ni10 的断面收缩率比 Q235 大 20%左右，表明了两种材料的颈缩时统一，两种在材料局部变形时不协调。

另一方面两组元在断面也不在一个平面上，通过图 5-7 观察到部分试样两种组元材料伸长不一致，从而出现了阴影，图 5-7 也更直观说明了这一现象。所有拉伸试样断口整体上基本沿与载荷方向成 60°夹角断裂，如图 5-7 中白线所示；

拉伸速率 0.05s^{-1}的拉伸试样的断口较为整齐，界面没有出现明显开裂，但在两部分在板厚方向的角度却相反。拉伸速率 0.01s^{-1}与 0.001s^{-1}的试样界面均出现开裂，尤其是 0.001s^{-1}的变形速率下试样两组元材料断裂角度不一样，呈现约 150°的夹角。在断口上伸长的程度也不一致，如图 5-7c 中白色直线所示，也表明两组元材料在颈缩与断裂时不一致。

分析表明，在高应变速率下，Q235 与 06Cr19Ni10 的变形比较协调，主要是由于各组元材料各自的局部颈缩来不及发生，复合材料就发生断裂；而在低应变速率状态下，局部变形时间较长，两者断裂的时间差表明 Q235 与 06Cr19Ni10 的断裂时萌生的裂纹并不是同一条，而是在各自材料上萌生出的互不干扰的两条裂纹。

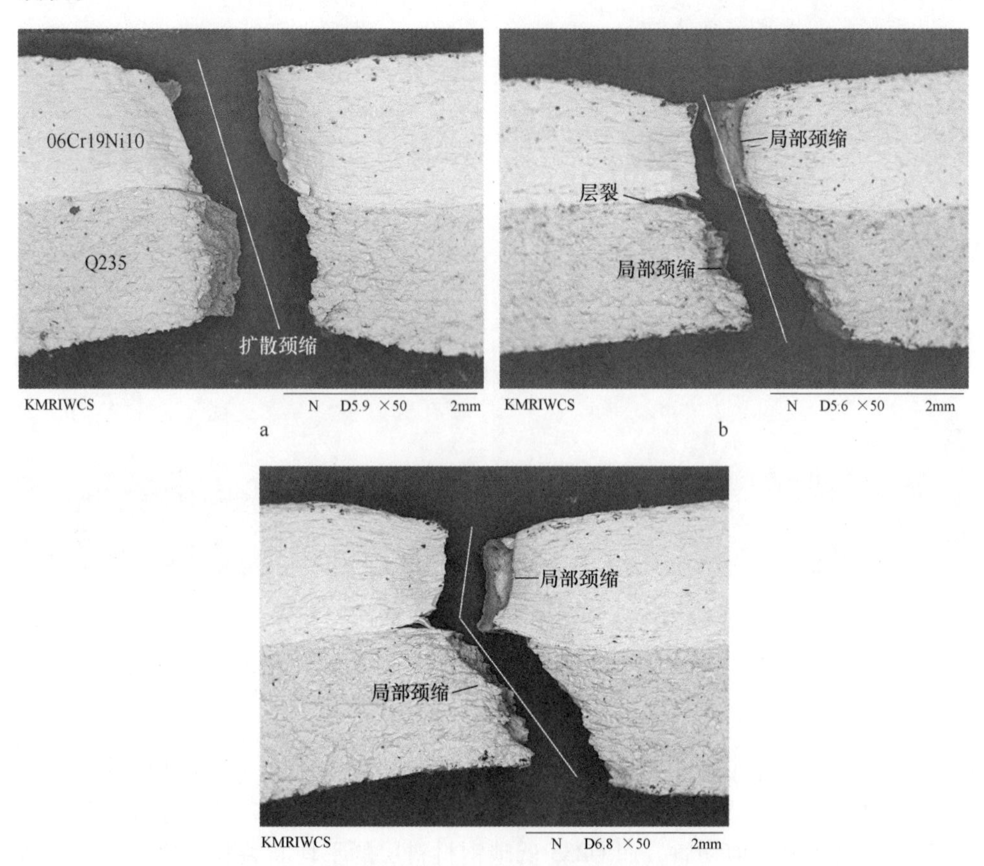

图 5-7　不同应变速率下的拉伸试样断口附近 SEM 照片

a—0.05s^{-1}；b—0.01s^{-1}；c—0.001s^{-1}

B　界面开裂

界面开裂，也叫脱层或分层现象，层状复合材料在变形时主要的破坏形式之一。通常是因为界面处应力超过界面结合强度而产生的。在拉伸试样中，在未发生颈缩前，材料处于均匀塑性变形状态。但是当接近甚至超过均匀变形极限时，有效承载应力的面积缩小，试样开始发生局部失稳变形。

如图 5-7a 所示，当拉伸应变速率为 $0.05s^{-1}$时，试样断口处界面没有明显开裂；如图 5-7b、c 所示，应变速率为 $0.01s^{-1}$与 $0.001s^{-1}$时，拉伸试样在断口处的界面发生开裂现象。

在低应变速率下，Q235 与 06Cr19Ni10 颈缩不统一，那么在颈缩时必然会相互拉扯，在复合界面处产生较大的切向应力，而在较快的拉伸速率下，由于组元材料局部变形还来不及发生，就已经发生断裂所以在界面处应力集中程度很低，界面处没有发生开裂。而在较慢的变形速率下，各组元材料有足够的时间发生局部颈缩，所以界面处应力集中时间较长，在更高倍数的扫描电镜下，观察到界面开裂的区域表面较为平整，开断面上没有韧窝产生，表明界面开裂属脆性开裂，而在一些界面尚未开裂但已萌生出裂纹的区域，出现疑似脆性断裂的现象。

通常来说复合界面处的成分与基覆材的成分与性能有所差异，并且在过渡层厚向上各处的成分与性能也不同，由于在厚度方向上各个元素扩散的程度不一，会产生脆性组织，所以界面本身具有不稳定性。当裂纹扩展到界面时，就可能会复合界面的防线继续延伸，从而造成界面分层开裂。

C 韧窝分析

断裂一般分为脆性断裂与延性断裂，脆性断裂通常不发生局部变形，截面尺寸变化很小，且断口比较平整；延性断裂一般发生在塑性材料的断裂过程，随着拉伸载荷增大，原本材料中存在的显微裂纹或孔洞聚合，夹杂物或析出的第二相粒子与基体组织间的界面处在金属的塑性流变过程中会萌生裂纹。在这些缺陷相对集中的地方，或将在萌生的裂纹尖端或者承载面积较小区域发生应力集中，从而引发材料基体的剧烈流变与滑移，而产生局部塑性变形，出现颈缩现象。通常塑性材料的断裂往往伴随韧窝的产生，韧窝主要是在断面上出现的微坑或者窝坑。韧窝断裂属于一种高能吸收过程的延性断裂。韧窝的大小与深度往往代表着金属材料塑性的高低，通常认为，韧窝越大越深，代表材料吸收能量的能力越强，塑性越好。

Q235 与 06Cr19Ni10 两部分断面整体上都呈现出了韧窝断裂。图 5-8 为 Q235/06Cr19Ni10 层状复合材料不同拉伸速率下的韧窝形态：Q235 的断面颜色较深，韧窝较深较大，呈密集蜂窝状，且在整个断口区域内分布相对较为均匀。06Cr19Ni10 的断口颜色相对于 Q235 较为明亮，韧窝较为细密，而深且大的韧窝较少，且多集中于断面区域中心一条带状区（如虚线所示），靠近断口边缘较为平整光亮，在局部地区有脆硬性断裂的倾向，这表明 06Cr19Ni10 断面内部的断裂也不一致。

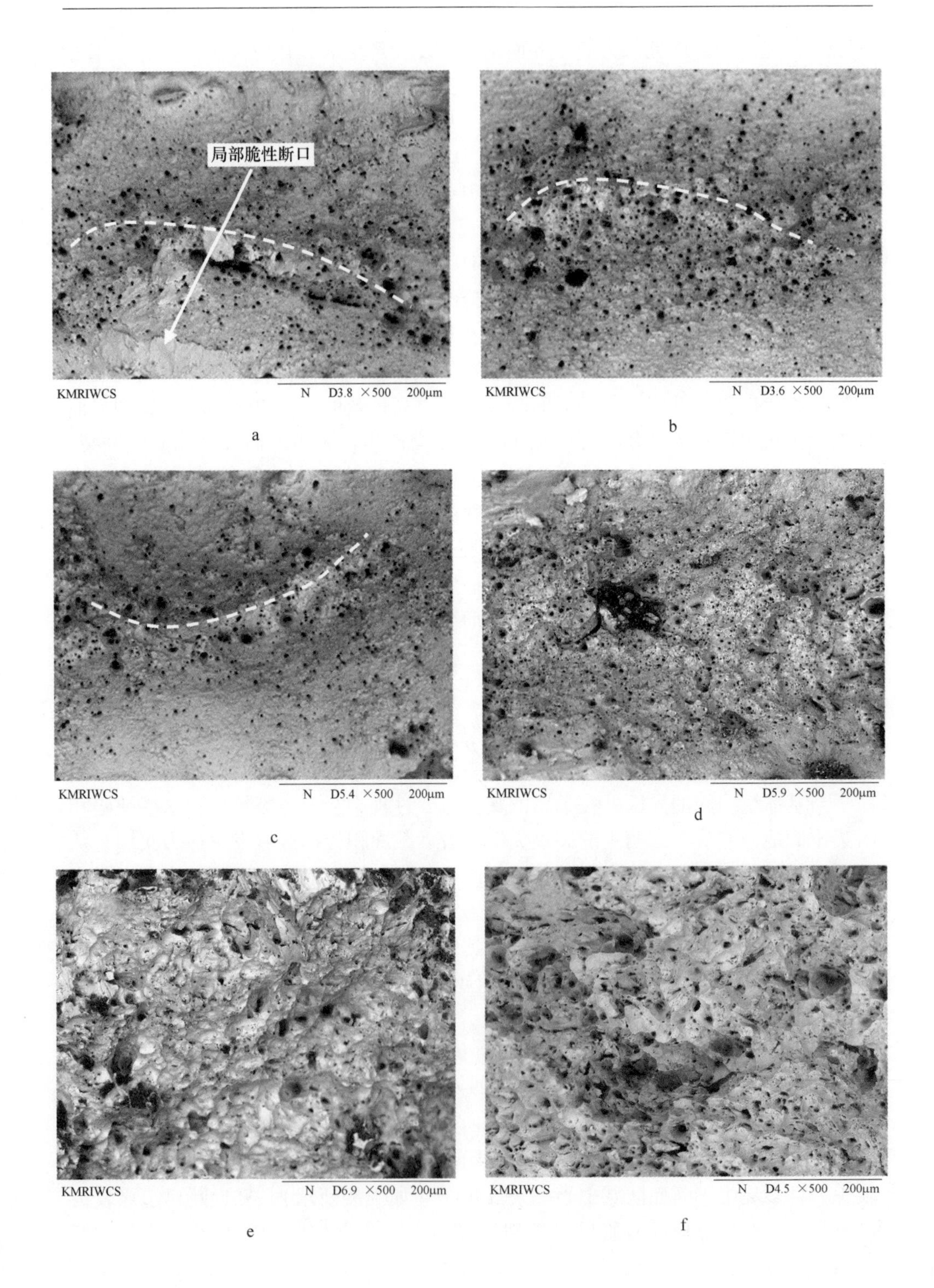
局部脆性断口
KMRIWCS
N D3.8 ×500 200μm
a
KMRIWCS
N D3.6 ×500 200μm
b
KMRIWCS
N D5.4 ×500 200μm
c
KMRIWCS
N D5.9 ×500 200μm
d
KMRIWCS
N D6.9 ×500 200μm
e
KMRIWCS
N D4.5 ×500 200μm
f

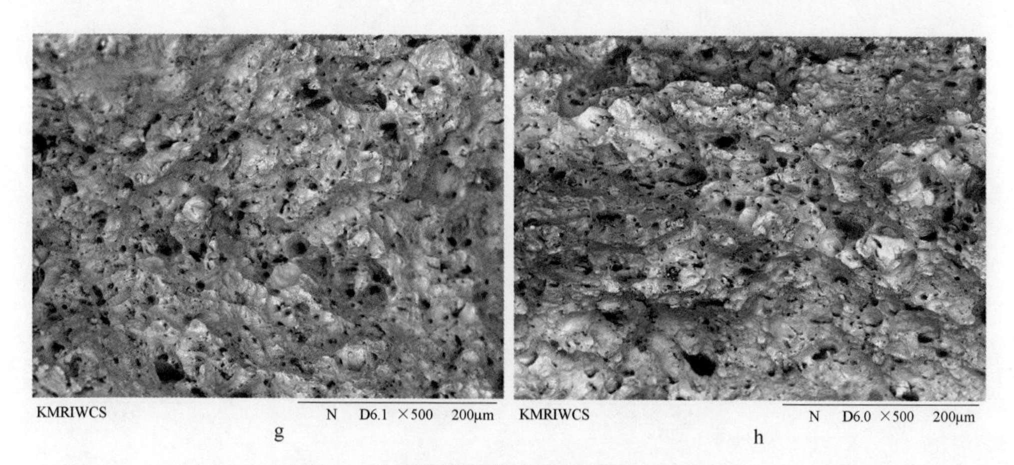

图 5-8 各个速率下拉伸试样断口韧窝形貌

06Cr19Ni10：a— $0.05s^{-1}$，b— $0.01s^{-1}$，c— $0.001s^{-1}$，d—$0.0005s^{-1}$；

Q235：e— $0.05s^{-1}$，f— $0.01s^{-1}$，g— $0.001s^{-1}$，h—$0.0005s^{-1}$

韧窝的形貌表明 Q235 的塑性更好，更易于加工，但在实验过程中发现时 Q235 先于 06Cr19Ni10 断裂，大量研究也表明 06Cr19Ni10 的延伸率远高于 Q235，所以在拉拔变形时，要考虑 Q235 的塑性失稳极限。

D 表面变形特征

图 5-8a、b、c 分别为 06Cr19Ni10 部分在 $0.05s^{-1}$、$0.01s^{-1}$、$0.001s^{-1}$ 拉伸应变速率下断口处表面变形特征。在三个应变速率下，试样表面都出现了沿主载荷方向的条纹状起皱现象以及大量较为平直的长的主剪切带，并且均出现裂纹，但在 $0.05s^{-1}$ 与 $0.01s^{-1}$ 的应变速率下，表面的裂纹不多且不连续。

图 5-8e、f、g 分别为 Q235 部分在 $0.05s^{-1}$、$0.01s^{-1}$、$0.001s^{-1}$ 拉伸速率下断口处表面变形特征。在所有的拉伸速率下的试样，表面均出现裂纹，且裂纹方向基本沿载荷方向延伸，这些裂纹是由于该处在剧烈的局部颈缩变形时因应力集中而产生的。

在 $0.05s^{-1}$ 拉伸速率下，从裂纹处衍生出许多扭曲的剪切带，这些扭曲的剪切带基本是沿着拉长的剪切流变带分布的，平行的剪切带间隔约在 2μm 左右，分布比较凌乱，相同方向的剪切带区比较少，见图 5-9。部分区域产生剪切线交错的现象，呈现网格状，如图 5-9a 所示。$0.01s^{-1}$ 拉伸速率试样表面同样出现裂纹，并且部分区域出现与载荷方向垂直的剪切带。

E 标距区弯曲程度

在拉伸试样后，试样标距区都产生了一定程度的弯曲，且弯曲方向均向 06Cr19Ni10。出现此现象是由于在拉伸过程中，拉伸试样分两次断裂，所以当 Q235 材料先发生断裂之后，整个试样只能靠 06Cr19Ni10 继续连接，载荷几乎全

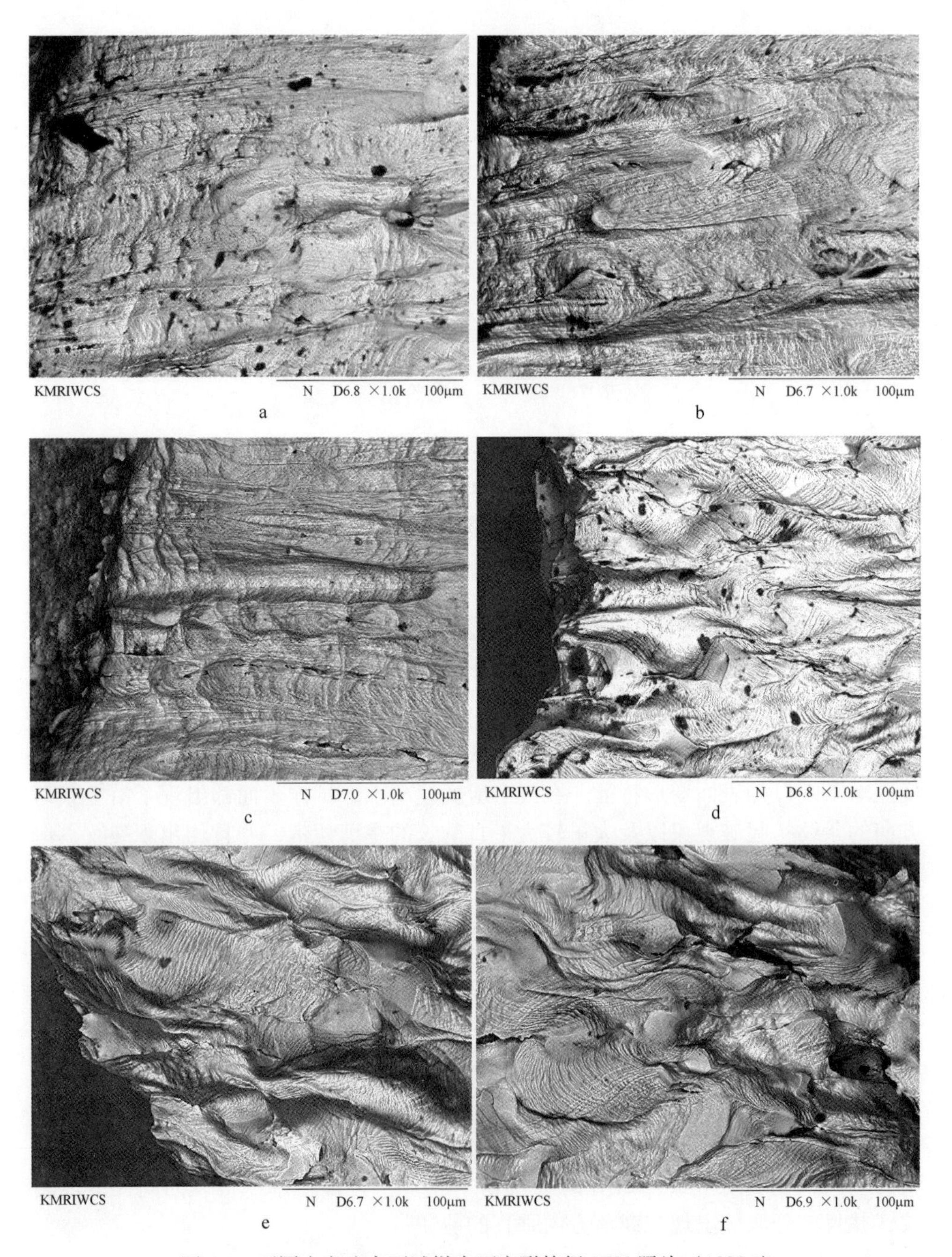

图 5-9　不同应变速率下试样表面变形特征 SEM 照片（1000×）

06Cr19Ni10：a—$0.05s^{-1}$，b—$0.01s^{-1}$，c—$0.001s^{-1}$；

Q235：d—$0.05s^{-1}$，e—$0.01s^{-1}$，f—$0.001s^{-1}$

部加载在不锈钢材料层，载荷偏离了试样中心，所以造成拉伸试样标距区发生略微弯曲。并且拉伸速率越慢，标距区弯曲现象也越明显。

5.2.1.3 拉伸速率对组织的影响

大量的研究已经表明 06Cr19Ni10 奥氏体不锈钢上具有严重的 TRIP 效应，尽管 Q235 低碳钢也具有应变强化效应，但其组织主要为珠光体+铁素体，其应变诱导相变的温度远高于室温，在室温下一般不会发生相变。所以 06Cr19Ni10 奥氏体不锈钢的应变强化效应对复合材料的影响要远大于 Q235 普碳钢的影响。

06Cr19Ni10 层金相组织图（图 5-10）验证了这一现象，在拉伸速率 $0.01s^{-1}$ 试样的金相组织中，出现了大量深色的马氏体组织，并且所有晶粒与初始状态相比在拉伸载荷方向呈现出拉长的趋势，出现的马氏体组织主要为板条状马氏体。但是在靠近界面的附近约 200μm 宽的带状区域内几乎没有马氏体组织产生，说明这一区域初始态奥氏体含量就非常少甚至没有。在第 2 章中我们分析过在轧制

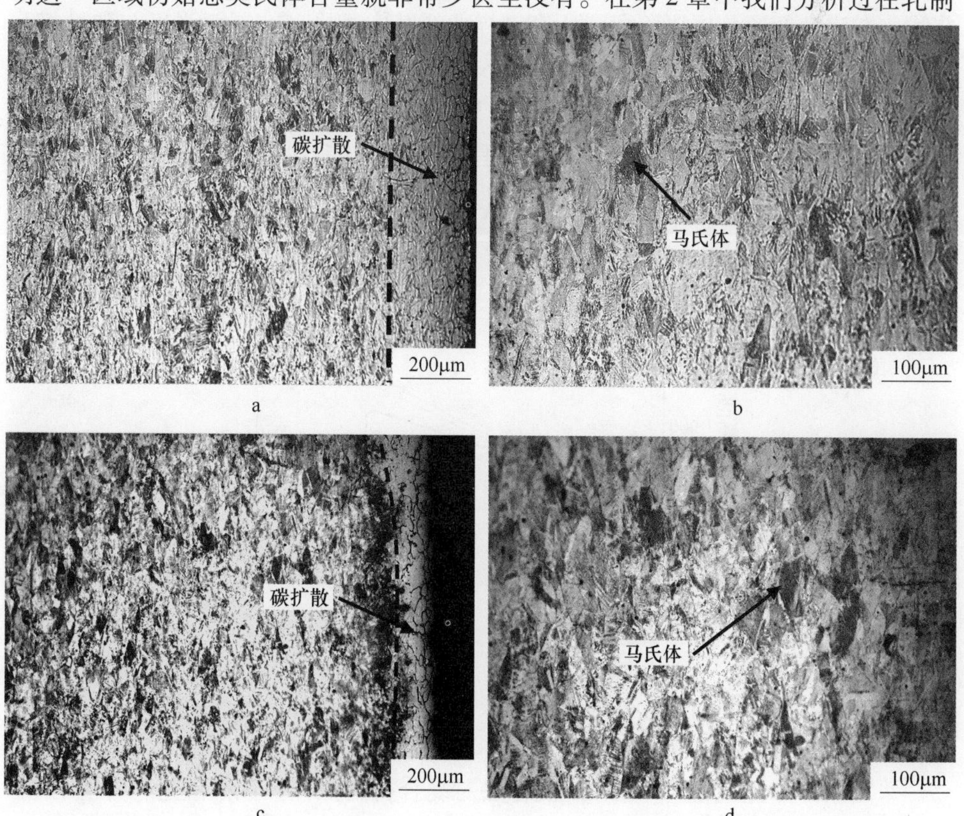

图 5-10 拉伸应变速率为 $0.01s^{-1}$ 与 $0.001s^{-1}$ 的试样 06Cr19Ni10 标距区金相组织

$0.01s^{-1}$：a—100×，b—200×；

$0.001s^{-1}$：a—100×，b—200×

复合过程中，就已经说明在过渡区发生 Cr、Ni、C 元素的扩散。

结果表明，拉伸速率越小，06Cr19Ni10 组元部分马氏体转变量越多，强化效应越高。所以降低拉伸速率，提高材料的强度，有利于复合的强化。

5.2.2　复合比例对力学性能及变形协调性的影响

5.2.2.1　复合比例对力学性能的影响

复合比例指的是复合材料中覆层占整体复合材料体积的百分比，由于基层和覆层之间的力学性能之间有差异，那么复合比例越大，覆层材料对于复合材料的力学性能的影响因数也越大，那么复合材料的整体性能也就与该材料的性能趋于接近。

现在对不同复合比同一拉伸速率的拉伸试样真应力-真应变曲线进行对比。图 5-11 显示的是应变速率 $0.001s^{-1}$ 三组复合比分别不同的试样的真实应力-应变曲线，在弹性变形与屈服阶段，所有试样曲线基本相同，在屈服强度与弹性模量的差别较小。这表明复合比对 Q235/06Cr19Ni10 层状复合材料弹性变形影响不大，这主要是因为 06Cr19Ni10 与 Q235 的屈服强度都在 205~235MPa 之间，彼此间差异并不大，两组元之间几乎同时进入塑性变形阶段。所以对于 Q235/06Cr19Ni10 层状复合材料来说，在弹性变形情况下，两组元材料的变形协调性是比较好的。

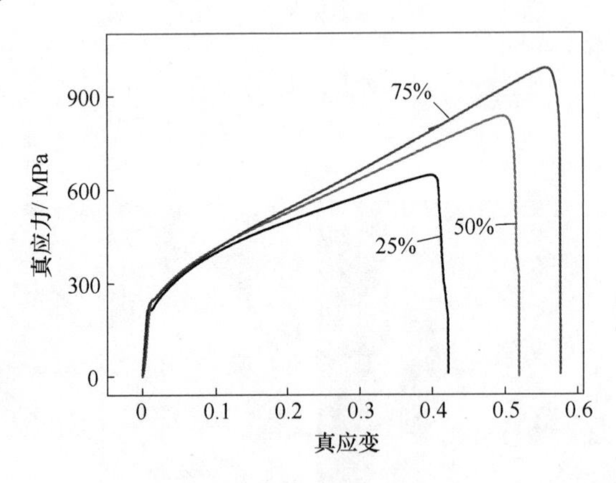

图 5-11　$0.001s^{-1}$ 拉伸速率下不同复合比的真应力-真应变曲线

采用第一章提到的 Halpain-T 混合法对复合材料拉伸弹性模量进行计算分析，直接代入公式：

$$q = \varphi_1 \frac{E_1}{2(1+\mu_1)} + \varphi_2 \frac{E_2}{2(1+\mu_2)} \tag{5-7}$$

$$E = \frac{\varphi_1 E_1(q + E_2) + \varphi_2 E_2(q + E_1)}{\varphi_1(q + E_2) + \varphi_2(q + E_1)} \quad (0 < q < \infty) \tag{5-8}$$

将 Q235 与 06Cr19Ni10 的弹性模量、体积分数以及泊松比代入到上式中，得到各个复合比的弹性模量。

而变形过程中的应力可以使用以下公式进行简化计算：

$$\sigma = \eta_1\sigma_1 + \eta_2\sigma_2 \tag{5-9}$$

式中，σ_1与σ_2分别是 Q235 与 06Cr19Ni10 单独拉伸时的应力，η_1 与 η_2 是两组元材料的体积分数，通过式（5-9）可以初步预测复合材料的屈服强度与抗拉强度。

由表 5-2 与表 5-3 可知，实际试验的屈服强度较之计算结果相差不大。但是实际弹性模量远小于计算结果，相差约一个数量级。这是由于在拉伸时万能试验机记录的变形量为横梁位移，所以与真实的变形量存在较大差异。

表 5-2　根据公式计算得出的 Q235/06Cr19Ni10 层状复合材料的弹性模量与屈服强度

复合比/%	弹性模量/GPa	屈服强度/MPa
25	202	227.5
50	199	220
75	196.6	212.5

表 5-3　试验得出的 Q235/06Cr19Ni10 层状复合材料的弹性模量与屈服强度

复合比/%	实际弹性模量/GPa	实际屈服强度/MPa
25	28.7	240
50	28.25	258
75	23.75	262

而实际屈服强度呈上升趋势，这是因为在弹性变形阶段，不锈钢也同样有强化效应，所以复合比例越大，屈服强度也越高。

图 5-12 显示的是四个应变速率下不同复合比抗拉强度变化。塑性变形阶段，在同一拉伸速率下随着复合比的增加，拉伸试样的抗拉强度与断后伸长率有比较明显的提高，而图 5-13 表明试样中的复合比越大，拉伸应力增长速度也越大。

出现这种现象一方面是因为复合比例越大，06Cr19Ni10 对整体材料影响越大，抗拉强度也越高，而另一方面 06Cr19Ni10 体积分数越大，在处于同一应变时马氏体转变的量也越多，也在一定程度上提高了抗拉强度伸长率。

复合材料进入局部变形阶段，如图 5-13 所示，复合比为 25%与 50%试样曲线出现比较明显的转折现象，且 25%的试样相对明显，而 75%的试样曲线比较平滑。这表明尽管都出现两次断裂，但复合比不断增大，Q235 的断裂对材料的影

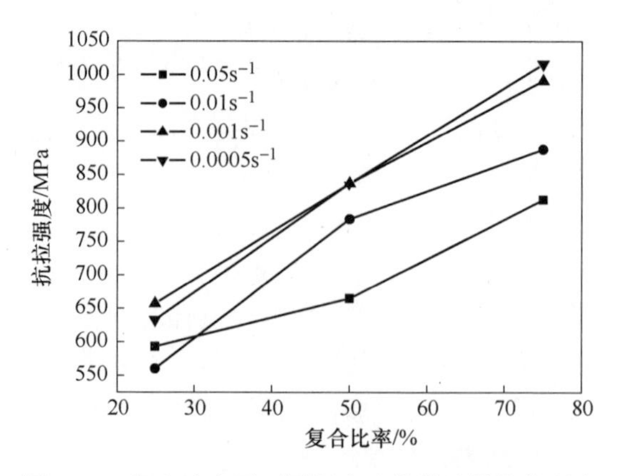

图 5-12　各个速率下不同复合比拉伸试样抗拉强度

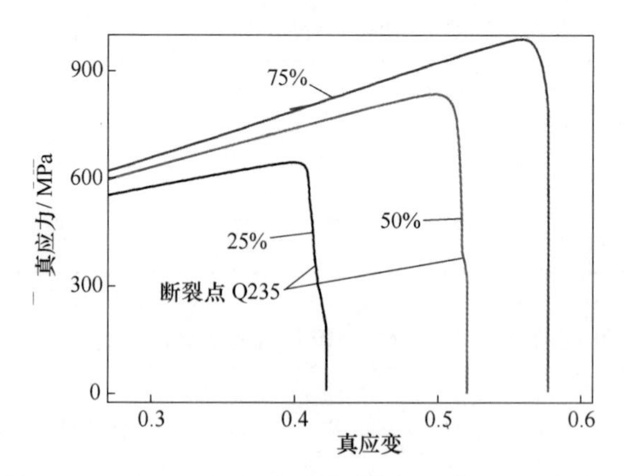

图 5-13　不同复合比 $0.001s^{-1}$ 拉伸速率下真应力-真应变曲线 Q235 断裂点位置

响就越小。

之所以出现上述现象，是因为高延性的 06Cr19Ni10 与相对低延性的 Q235 会出现相互制约的现象，由于两种材料经过复合之后两者在冶金上已经成为一个整体，06Cr19Ni10 会对 Q235 材料产生牵动效应，反之 Q235 在一定程度上也会限制 06Cr19Ni10 的继续延伸，这样就产生一个中和效应。06Cr19Ni10 体积分数越大，对整体复合材料影响也越大，抗拉强度与伸长率就高。

我们进一步推测，当 Q235 或者 06Cr19Ni10 层厚度无限接近于零，复合材料性能也就越接近单一材料的性能，由此我们可知界面结合强度相同的 Q235/06Cr19Ni10 层状复合材料的力学性能比如抗拉强度、伸长率等指标应介于 Q235 与 06Cr19Ni10 之间。根据公式与大量实验研究，可以推出 Q235/06Cr19Ni10 层状复合材料真应力-真应变曲线确实介于 Q235 与 06Cr19Ni10 单独材料的真应力-

真应变曲线之间。

5.2.2.2 断口形貌分析

图 5-14 是拉伸应变速率为 0.001s^{-1}下不同复合比试样下断口侧面形貌，如图 5-14a 所示，复合比例为 25%的试样界面未发生明显开裂，颈缩比较统一；而如图 5-14b、c 所示，复合比例为 50%和 75%的试样复合界面发生了开裂，但 50%材料开裂角度较大。这说明两种组元材料含量越接近，在变形过程中表现出越大的差异，造成复合界面开裂。

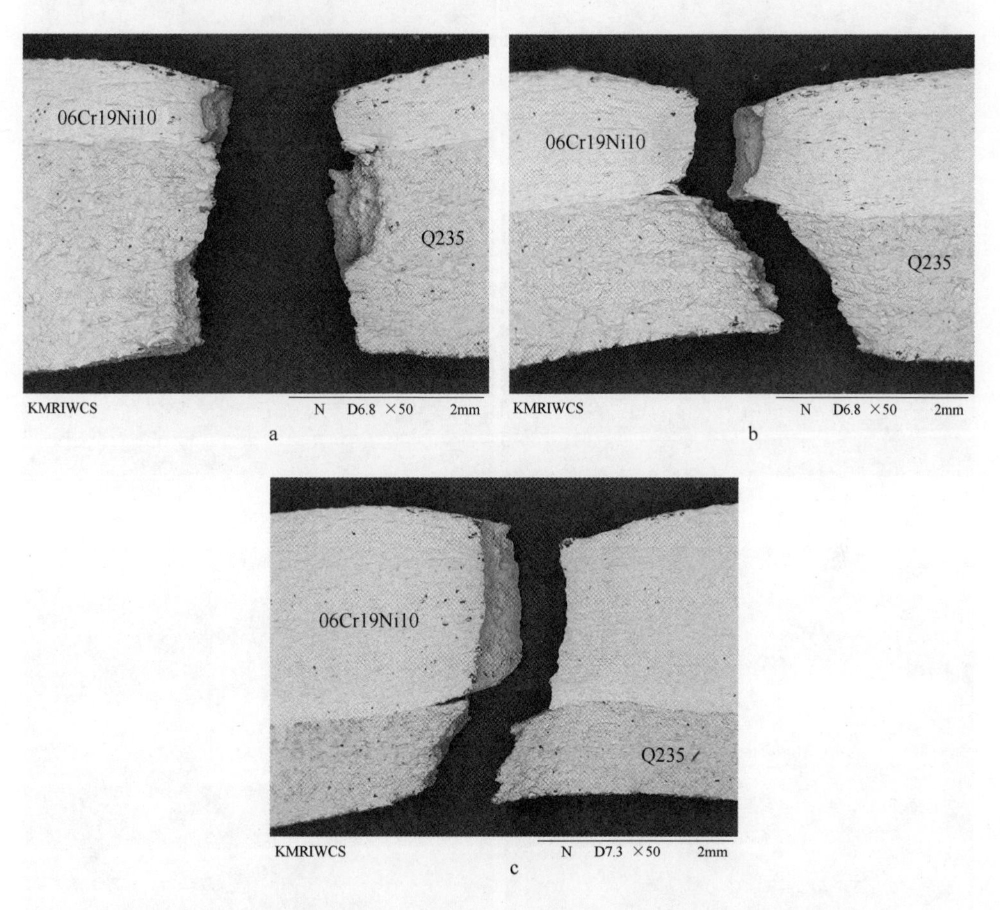

图 5-14 拉伸应变速率为 0.001s^{-1}下不同复合比试样下断口处侧面形貌
a—复合比例 25%；b—复合比例 50%；c—复合比例 75%

如图 5-15a、b、c 所示在应变速率为 0.01s^{-1}不同复合比例拉伸试样的断面图，对每个试样断面收缩率测量后发现整体断面收缩率均在 65%左右，复合比对整体断面收缩率影响较小。

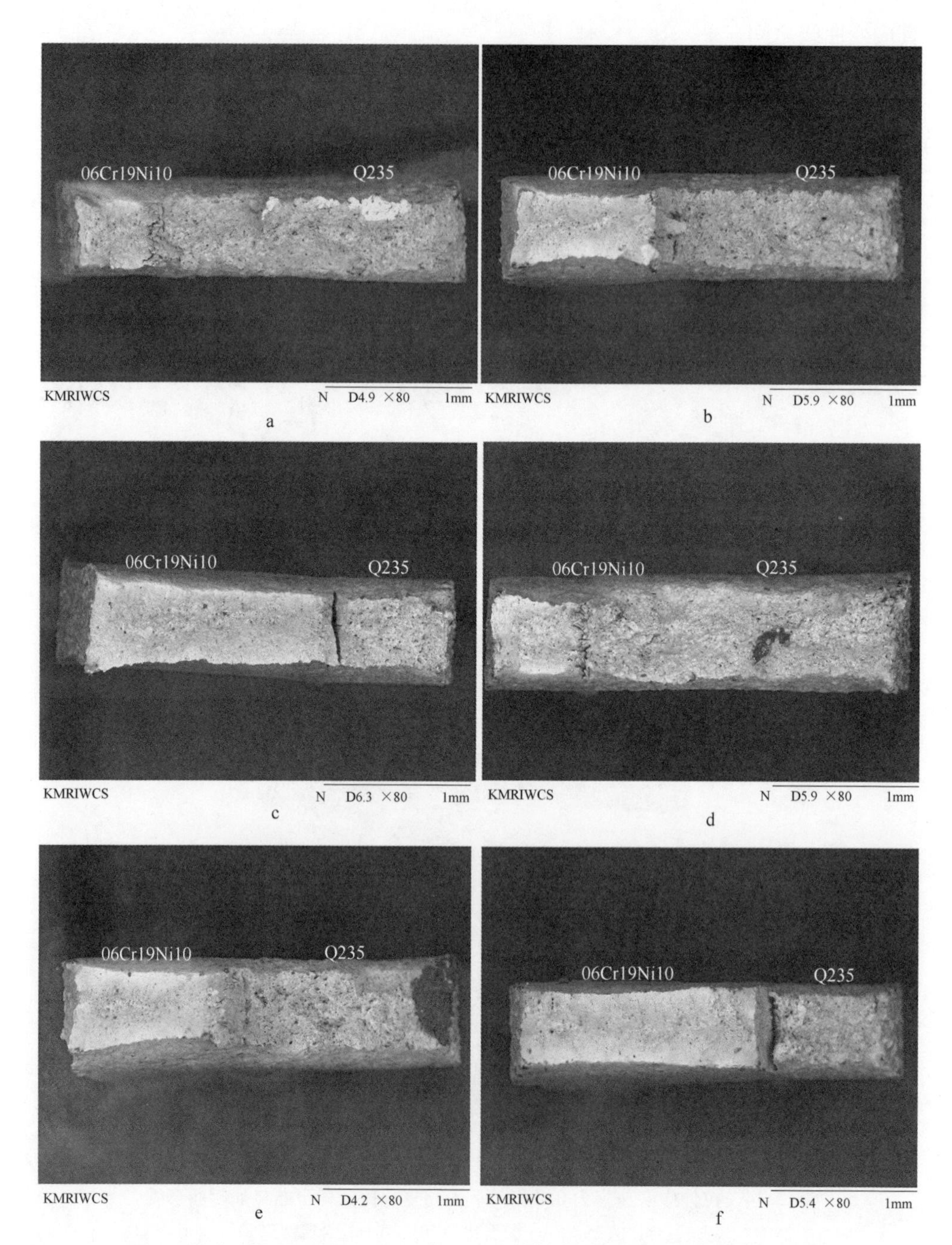

图 5-15　拉伸应变速率为 $0.01s^{-1}$ 与 $0.001s^{-1}$ 下不同复合比试样下断口形貌

应变速率 $0.01s^{-1}$：a—复合比例 25%，b—复合比例 50%，c—复合比例 75%；

应变速率 $0.001s^{-1}$：d—复合比例 25%，e—复合比例 50%，f—复合比例 75%

5.2.3 Q235/06Cr19Ni10 层状复合材料拉伸断裂规律

通过以上实验我们知道裂纹最先萌生于弹性模量较大，抗拉强度与伸长率较小的基材 Q235。出现二次断裂表明而裂纹在界面处由于受界面阻滞，当裂纹扩展到界面时，裂纹停止扩展或沿界面方向延伸，于是造成界面出现裂纹，再加上各自组元材料颈缩不一产生的应力集中，导致界面分裂。此后伸长率更高的 06Cr19Ni10 的发生局部颈缩，萌生裂纹，最后导致整个材料断裂。从复合材料的断裂规律可知复合界面对裂纹扩展有一定阻碍作用。

5.2.4 小结

通过 Q235/06Cr19Ni10 层状复合材料的室温下单向拉伸试样，分析其在不同情况下的拉伸变形特性，得出以下结论：

（1）拉伸速率对 Q235/06Cr19Ni10 层状复合材料的力学指标有明显影响，对抗拉强度与断后伸长率有明显的影响。随着拉伸速率不断减小，屈服强度增加，抗拉强度与断后伸长率增大，同时，较小的拉伸速率常伴随复合界面层开裂的现象。

（2）由 Q235 与 06Cr19Ni10 抗拉强度与伸长率之间存在较大差距，试样变形最后出现两次断裂，即 Q235 与 06Cr19Ni10 先后各自分别断裂，拉伸速率越小，现象越明显。

（3）随着复合比的增加，Q235/06Cr19Ni10 层状复合材料塑性变形阶段强化越快，抗拉强度与伸长率越高，且 Q235 断裂时对应力-应变曲线走势影响也越小。

（4）复合比的变化对试样整体断面收缩率影响很小，但复合比例对界面开裂影响较为明显，结果表明，复合比例在 50%时界面开裂程度最大，变形协调性最差。

（5）因为 Q235/06Cr19Ni10 层状复合材料出现了两次断裂，可以推断拉伸裂纹是萌发于 Q235 基材，扩展到复合界面时处受到阻碍，沿界面扩展，延缓了材料整体断裂的时间。

5.3 06Cr19Ni10/Q235 层状复合材料单向压缩变形协调性

5.3.1 引言

层状金属复合材料在轧制制备、加工变形或实际使用中，有受压力载荷作用的情况，且情况多元化。而在压缩载荷下，影响材料变形的因素除了组元材料本身的机械性能以外，还包括压下率、界面角度与压缩载荷的夹角等因素。

5.3.2　压下率对06Cr19Ni10/Q235层状复合材料压缩变形协调性的影响

5.3.2.1　压下率对力学性能的影响

压缩工程应力与应力计算公式与拉伸试验相同。而真应力与真应变的公式如下：

$$s =- \ln(1 - \varepsilon) \tag{5-10}$$

$$e = \sigma\ln(1 - \varepsilon) \tag{5-11}$$

图5-16是界面与载荷方向呈0°试样的压缩真应力-应变曲线。如图5-16所示，随着压缩率不断增大，压缩载荷也不断增大，材料的致密度有所提高，硬化也越来越严重。对压缩力学曲线分析后可知，在同一角度下的所有压缩试样，曲线走势基本重合，也就是说在处于同一应变量时，材料力学的并没有很大的差别，但是我们可以通过在不同下缩率的试验，分析06Cr19Ni10/Q235层状复合材料在不同压缩时期的变形状态，逐渐得出其变形规律。

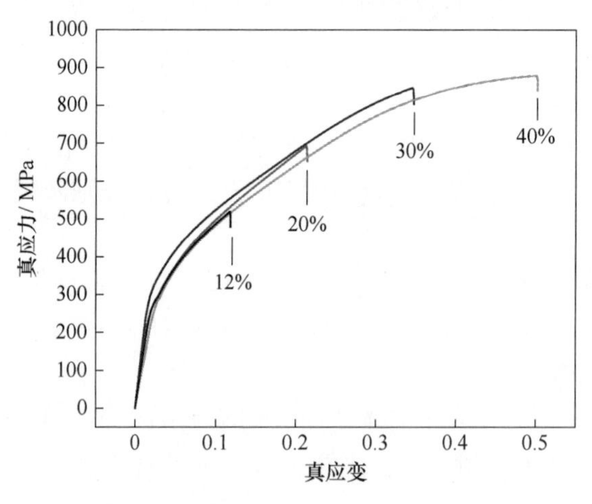

图5-16　0°试样压缩真应力-真应变曲线

5.3.2.2　径向应变与高向应变的关系

在体积始终不变的理想状态下，材料单向自由压缩时，在体积始终不变的理想状态下，随着高向尺寸的减小，其材料只能径向流动。径向尺寸会增大。对于单一均值材料来说，径向尺寸在同一水平内增大的程度是均匀的。但对于层状复合材料，尤其是双层不对称的复合材料，在压缩时各组元材料由于弹塑性能的差异，组元材料变形会不一致。压缩载荷对同一角度不同压下率试样整体变形的研究中，如图5-17所示，界面左侧为Q234，右侧为06Cr19Ni10，界面角度与压缩载荷方向为0°的试样在12%的压下率下，变形并不明显，复合界面仍基本呈现

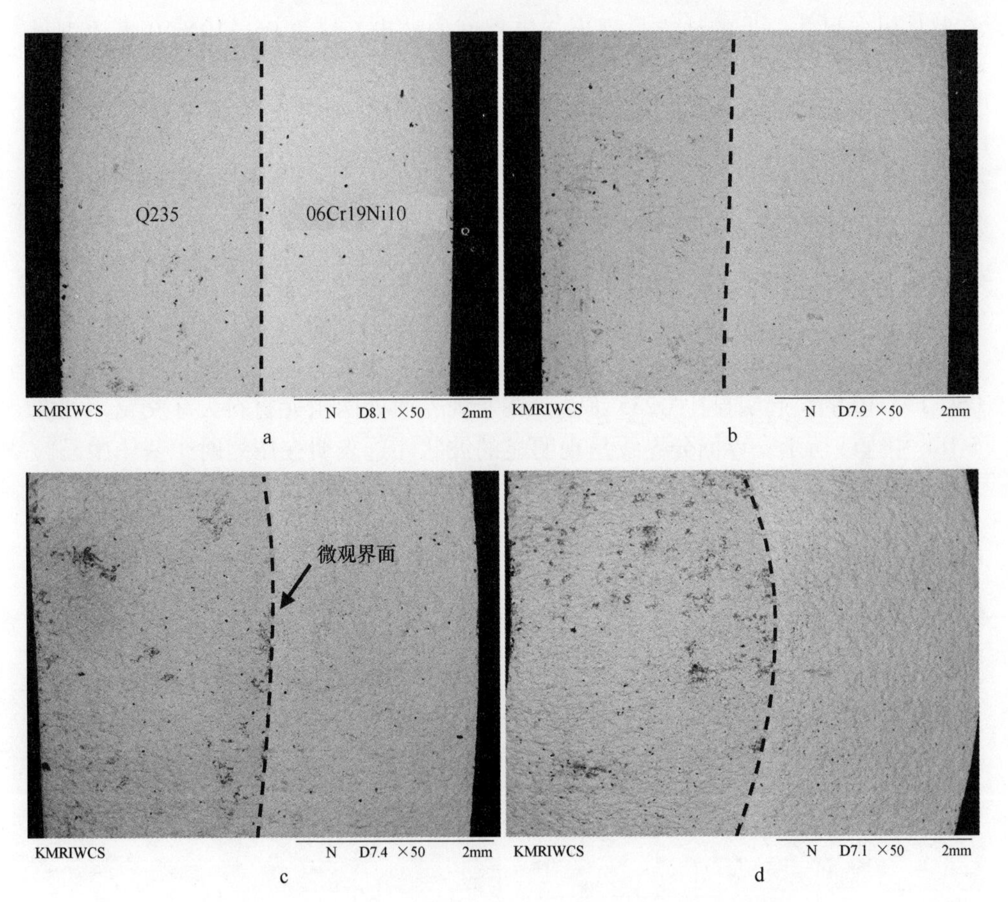

图 5-17 各个压下率的复合界面与载荷方向夹角为 0°试样

a—压下率 12%；b—压下率 20%；c—压下率 30%；d—压下率 40%

直线状态，不锈钢和碳钢均略有变粗，此时变形协调性较好；随着压下率的增大至 20%，复合界面仍保持直线状态，仍表现为好的变形协调性；当压下率达到，试样的横向尺寸逐渐增大，且并不均匀。在压缩率增加到 30%时，材料发生了弯曲。压缩率增加到 40%时，曲率变大，曲率半径约为 6.5mm，弯曲现象愈加明显。且弯曲的方向均为向 Q235 方向弯曲，Q235 材料向中间集中，厚度明显变大，而 06Cr19Ni10 发生一定的弯曲变薄，横向尺寸增大不明显。

5.3.2.3 压下率对复合材料各部分变形的影响

因 06Cr19Ni10 与 Q235 的力学性能差异，尤其是屈服强度及材料塑性不同，两者在压缩时变形必然会有所差异。通过肉眼观察结合扫描电镜照片就可以观察到，压下率为 12%时，两组元变形比较协调，压下率达到 30%时，各部分材料变形开始出现不一致，径向尺寸最大的区域出现在较软的 Q235 材料层，Q235 部分在整体纵向尺寸一半的地方呈现出一定程度的鼓出。尽管 06Cr19Ni10 不锈钢材料也进行同样的压缩，但由于发生弯曲产生的牵引效应，在同样的地方受 Q235 材料鼓出变形时向其鼓出方向的牵引，径向尺寸相对于其他的部位反而略微收缩。

5.3.3 压下率对复合界面局部形貌及表面粗糙度的影响

图 5-18a 显示在压缩率为 12%时界面与未变形时几乎没有变化，组元材料间宏观界面平直、清晰，表面比较平整光滑。压下率达到 40%时，宏观界面随着各组元材料发生相应弯曲，试样表面出现大量颗粒状突起，表面粗糙度很高，并且 06Cr19Ni10 的突起明显比 Q235 细小，在宏观界面处两组元材料犬牙交错，如图 5-18b 中虚线所示，界面分界线呈现明显的波状。这表明在压缩时，基体中晶粒开始互相挤压，并发生横向的相对滑动。

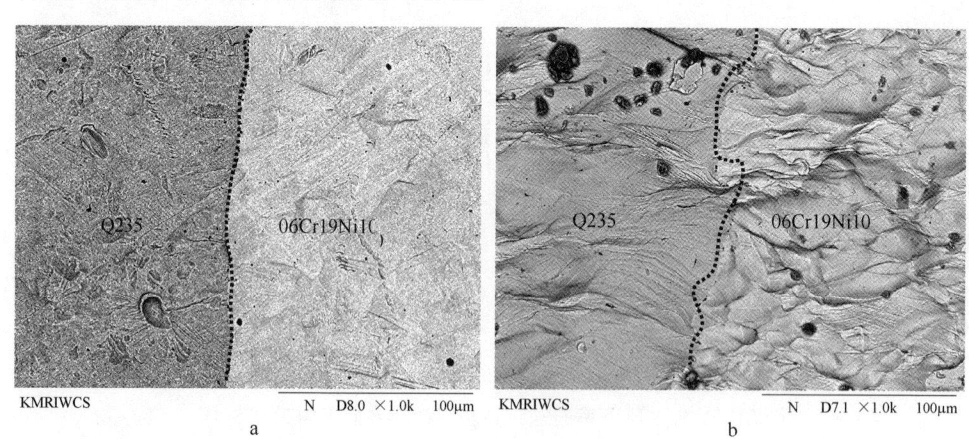

图 5-18 宏观界面 SEM 照片

a—压缩率 20%；b—压缩率 40%

5.3.4 压下率对组织的影响

图 5-19 是压缩 20%与压缩 40%的 06Cr19Ni10 金相组织。图 5-19a 为压下量 20%试样金相组织，出现了许多板条状马氏体，晶粒的纵向尺寸略有压缩。压缩量达到 40%时如图 5-19b 所示，相比于压下量 20%试样，组织中出现更多的马氏体相，并且组织纵向尺寸压缩的程度已经非常明显。

再对比 XRD 的衍射图谱，结果如图 5-20 所示，可以看出未发生变形试样图 5-20a 的 06Cr19Ni10 组元来说，均为 γ-fcc 奥氏体；如图 5-20b、c 所示，压下率为 20%与 40% 试样的 06Cr19Ni10 组元中除了 γ-fcc 奥氏体，还存在 α-bcc 和 ε-hcp 衍射峰，06Cr19Ni10 不锈钢主要为单向过饱和奥氏体组织，组织中不存在马

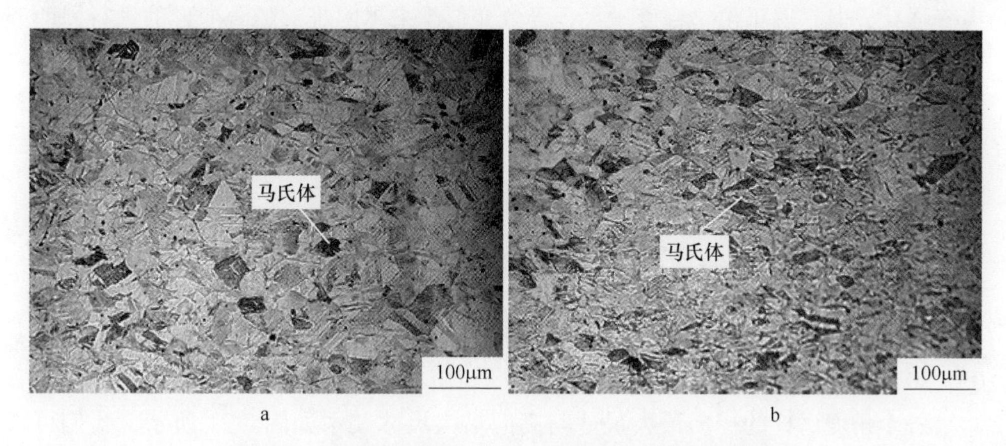

图 5-19 06Cr19Ni10 组元部分不同压下量的金相组织

a—压下率 20%；b—压下率 40%

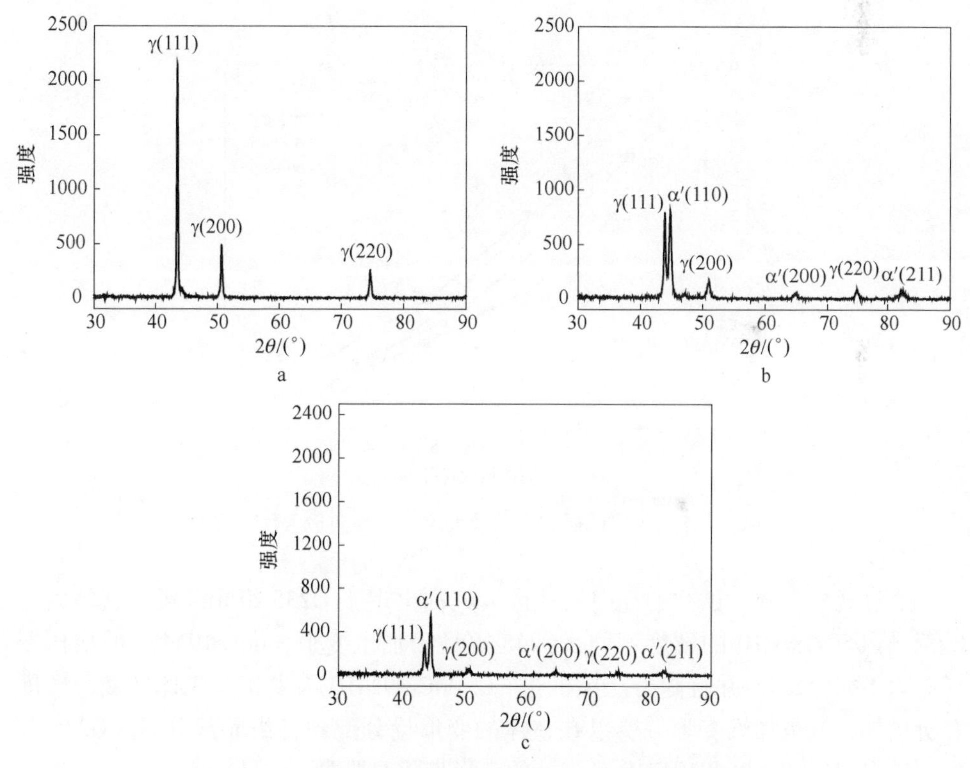

图 5-20 压缩试样 06Cr19Ni10 部分 X 射线衍射图谱

a—未变形；b—压下率 20%；c—压下率 40%

氏体与铁素体相，所以 α-bcc 是 α′-bcc 马氏体相。06Cr19Ni10 部分在变形时确实发生马氏体转变，发生明显强化。而 Q235 在变形时并不发生相变，虽然也发生应变强化，但是属于位错密度增大，导致变形越来越困难，随着变形的进行，两组元的力学性能差异也越大，从而组元间变形更加不协调。

5.3.5 界面与载荷的夹角对压缩变形协调性的影响

5.3.5.1 角度对各组元流变的影响

第一节中已经分析了0°压缩试样的金属流变，在实际的应用中载荷方向与界面复合角度可能会有很多种情况，所以受力的情况也更加复杂多样。现加入载荷方向与界面角度夹角为30°、45°和90°的试样与0°情况进行对比分析，以下简称0°、30°、45°和90°试样。

各个角度试样的径向最大尺寸与高向最大尺寸关系如图5-21所示，我们可以看到在相同的高向尺寸即相同压下率下，0°试样径向平均尺寸最小，90°最大，30°与45°介于0°与90°之间。

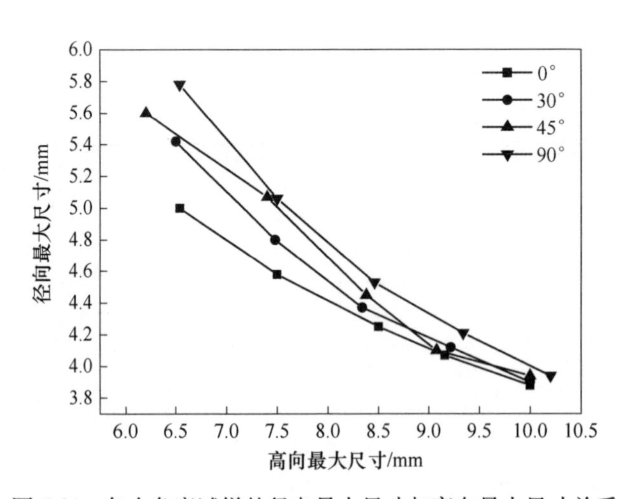

图5-21 各个角度试样的径向最大尺寸与高向最大尺寸关系

通过观察，各个试样的径向尺寸最大处都出现于Q235组元区域，这是因为Q235与06Cr19Ni10的硬度不同，Q235更易于加工变形，06Cr19Ni10的冷作变形能力不如Q235。并且随着压缩的进行，06Cr19Ni10因发生马氏体转变，硬度有所增加，就更加难变形，所以在整体的变形量分配到各组元部分时，Q235分配到较多的份额，06Cr19Ni10分配到的变形量相对要少。

而不同角度下，金属流变的方向也不一样。如图5-22所示为不同角度试样经过不同压下率压缩之后的形状，比较直观展现了复合材料在压缩过程中的流变过程。0°试样在压缩过程中出现弯曲，但各组元材料在压缩方向上的应变量基本相等，所以尽管Q235出现一定鼓度，但Q235与06Cr19Ni10径向尺寸相对较为均衡，差距不大。90°试样则呈现出葫芦状，Q235 部分变鼓变宽，与单一 Q235 自由压缩相似，06Cr19Ni10 部分由于 Q235 的剧烈变形，对其产生牵动效应，成倒梯形，界面处较大，与压头接触的底面较小。且每一面的界面处有弯曲现象。30°与 45°试样一方面两组元整体处于压缩状态，另一方面 Q235 与 06Cr19Ni10 有沿界面发生相对滑动的趋势。

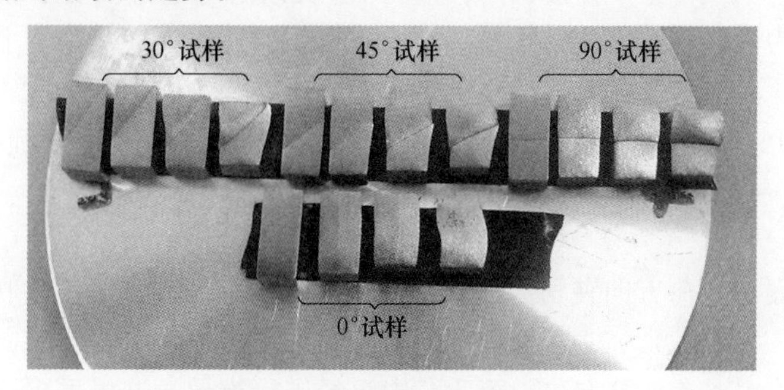

图 5-22 各个角度试样经过不同压下率之后的形状

5.3.5.2 角度对力学性能的影响

由于界面两侧的材料力学性能不同，且在轧制复合时界面出现了 C 与 Cr 的扩散现象，导致界面附近的化学成分及力学性能与组元材料产生了差异，所以随着载荷方向与复合界面之间角度的变化，各组元材料与复合界面处的受力情况也不相同。图 5-23 显示的是不同角度试样的真应力-真应变曲线。0°压缩试样在弹性变形阶段曲线斜率最小，表示其弹性模量最低。随着角度的增大，斜率越大，但总体来说，增幅不大，且屈服强度差异不大，基本上处于 260~280MPa 范围内。

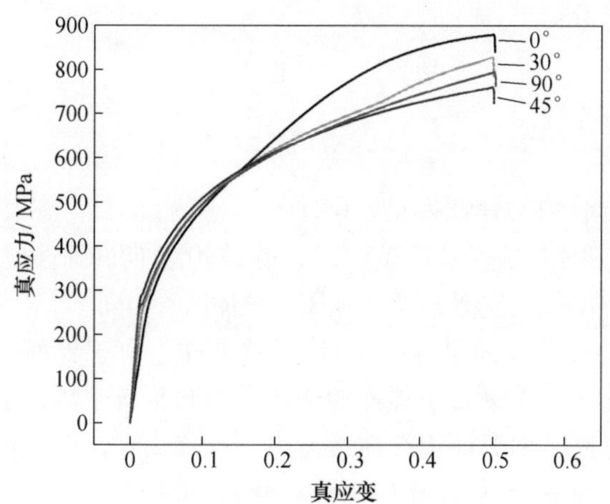

图 5-23 各个角度试样压下量 40%的真应力-真应变曲线

进入塑性变形阶段后，各个试样曲线在真应变 $e \approx 0.15$ 时发生交集，之后出现分化，0°试样塑性变形阶段真应变小于 0.3 的范围内真应力上升幅度比较大，之后曲线渐趋平缓，说明此时 0°试样应变强化最明显。30°与 45°试样随着角度增大，真应力值的上升幅度依次减小。

但在 90°时，相较于 45°试样真应力的值反而略有上升。由于载荷方向垂直于界面，因为试样呈几何中轴线对称，所以在压缩过程中载荷基本上始终与试样中心重合，所以在各个方向上产生的分应力比较均衡，另外，金属材料在 45°倾角的斜截面上，切应力为最大值，所以 45°试样的组元材料更易于流动。

5.3.5.3　应力分析

复合界面与载荷方向夹角为 0°与 90°试样弹性变形分别使用并联法和串联法进行分析。

0°依然采用混合计算方法，第 3 章中已经进行推导，这里不再进行推导，直接利用公式进行计算即可。现在主要对 30°、45°、90°试样进行分析。

90°试样采用串联法进行计算弹性模量，可知：

$$\varepsilon_1 = \frac{\sigma}{E_1}$$
$$\varepsilon_2 = \frac{\sigma}{E_2} \tag{5-12}$$
$$\varepsilon = \varepsilon_1 + \varepsilon_2$$

式中　σ——压缩应力，MPa；

ε_1，ε_2，ε——组元 1、组元 2 与整体复合材料的位移量，mm；

E_1，E_2——组元 1、组元 2 的弹性模量，GPa。

由式（5-12）可得：

$$E = \frac{1}{\dfrac{1}{E_1} + \dfrac{1}{E_2}} \tag{5-13}$$

式中　E——复合材料的弹性模量，GPa。

将各组元的弹性模量值代入式（5-13），得到 90°方向的弹性模量 $E_{90^\circ} = 99.6\text{GPa}$，但实验结果约为 20GPa，相差比较大，原因与拉伸试验相同。

在复合界面与载荷方向呈 30°与 45°压缩试样，由于界面与载荷存在一定角度，所以在界面处会产生垂直于界面的法相应力和平行于界面的剪切应力。我们将界面视为理想界面，即界面不存在过渡区，厚度为零，将界面与载荷方向角度设为 θ，原始横截面积为 S_0，真应力 e，法向应力设为 e_1，剪切应力设为 e_2，可得：

$$e_1 = e\sin\theta \tag{5-14}$$

$$e_2 = e\cos\theta \tag{5-15}$$

根据式（5-14）、式（5-15）代入角度的值我们就可以计算出每个应变对应的法相应力与剪切应力的值。

在界面处出现两个方向的应力，我们把两个组元材料分开来分析。当分析其中一个组元部分时，另一部分视作与万能试验机压头的一部分，在压缩载荷的作用下必然会导致材料向这两个应力的方向流动。由于力的作用是相互的，所以我们观察到复合材料的两个组元部分在沿界面平行方向和垂直方向相反的方向移动。06Cr19Ni10 硬度与黏性较大，在界面受 Q235 变形时的牵动，界面线变形量最大。在一侧 Q235 沿界面向 06Cr19Ni10 流动，有将 06Cr19Ni10 包覆的倾向，如图 5-24a 所示，两组元部分在另一侧呈现出比较尖锐的角度，如图 5-24c 所示。由于 Q235 的强度低于 06Cr19Ni10，更易于流动，所以在压缩载荷作用下变形量更大，鼓出变形非常明显，但由于界面的束缚，在界面附近因各点上的金属流动

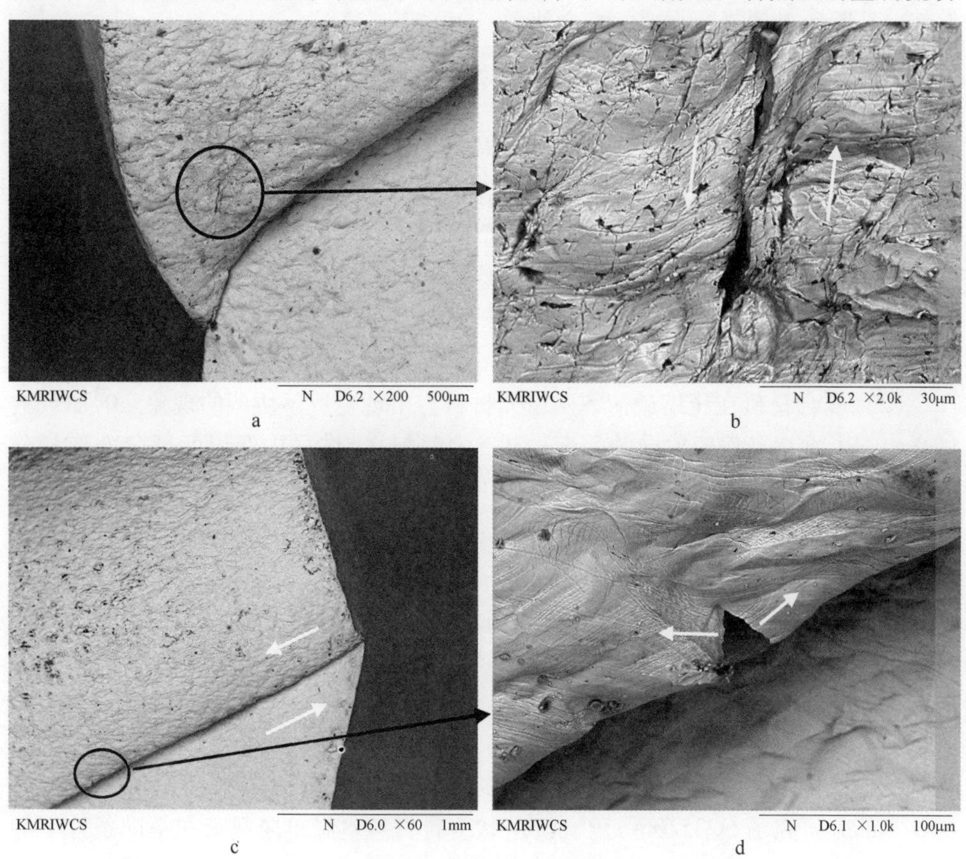

图 5-24 45°试样界面附近区域的金属流动与部分损伤

不一致产生应力集中造成的损伤表现比较明显，部分试样 Q235 靠近界面处出现裂开现象，如图 5-24d 所示，在流变过程中 Q235 内部出现沿流变方向的剪切裂纹，如图 5-24b 所示。所有图中白色箭头均表示该处金属相对于另一箭头处金属的流动方向。

根据上述现象可以推测，如果继续加大压下率，剪切应力对复合界面影响会很大。载荷与界面出现一定的夹角时，在界面上产生巨大的剪切应力，就造成两组元材料在界面处发生相对滑动，一旦剪切应力超过界面的剪切强度，就可能造成材料沿复合界面剪切断裂。而另一方面，由于 06Cr19Ni10 的应变强化效应，在变形量较大的情况下，其强度会远高于 Q235，Q235 表面的裂纹会先于 06Cr19Ni10 萌生，导致 Q235 组元部分率先失效从而影响复合材料整体承载载荷的能力。

所以在 Q235/06Cr19Ni10 层状复合材料进行压缩类型的加工时，单次变形量尽量不超过任一组元材料的塑性失稳极限，否则就可能会对组元材料造成一定的损伤，从而影响到复合材料的安全使用。

5.3.6　小结

本章通过单向压缩试验，我们分析得出以下结论：

（1）在单向压缩载荷下，随着压下率的增大，Q235/06Cr19Ni10 层状复合材料发生应变强化，单位体积内的 06Cr19Ni10 马氏体转变量也越大。当压下率达到 40%后，0°试样因不锈钢部分的纵向应变最大，所以硬化最明显，应力最大，而其他角度试样因高向变形主要发生于 Q235 部分，所以整体强化程度均低于 0°，30°次之，而 90°比 45°要高。

（2）复合材料在压缩载荷下两组元材料均出现变形不协调的现象。0°加载的试样出现了垂直于载荷方向的侧弯；30°、45°与 90°试样中两组元部分变形量分配不均，Q235 部分发生剧烈压缩变形，向一侧或四周鼓出，部分试样因为 Q235 变形量过大，因应力集中，表面开始出现细微剪切裂纹。06Cr19Ni10 部分鼓出现象不明显，在界面处径向变形量最大。

（3）在 30°与 45°试样压缩时在界面存在较大的剪切应力，在剪切应力的作用下，两组元部分沿斜界面发生相对滑动，在这种情况下，如果压下率继续增大，就可能发生剪切破坏。

5.4　结论

本部分研究了 Q235/06Cr19Ni10 层状复合材料室温单向载荷在不同条件下的力学性能与变形协调性，主要采用单向拉伸与自由压缩试验，结合扫描电镜、金相等方法对影响其力学性能和变形协调性的因素进行分析，了解其变形规律。

在单向拉伸试验中，拉伸速率和复合比对 Q235/06Cr19Ni10 层状复合材料的抗拉强度、断后伸长率、局部颈缩以及二次断裂现象有比较明显的影响。

随着拉伸速率不断增大，Q235/06Cr19Ni10 层状复合材料的屈服强度增加，抗拉强度与断后伸长率逐渐降低，但材料的应力强化指数一致。变形速率越小，断口处界面层会发生开裂的概率越大，界面开裂是由于两组元材料各自发生局部颈缩时界面两侧材料向相反方向流动，在界面产生强大拉应力造成界面开裂，并由于界面开裂对 Q235 材料层裂纹的扩展产生阻碍效应，所以拉伸速率越小，两组元材料断裂点的时间差也越长，试验中二次断裂现象和曲线上的二次断裂点也更加明显。界面开裂与二次断裂现象都说明两组元在局部塑性变形时不协调。

随着复合比增加，由于 06Cr19Ni10 材料马氏体转变量越多，强化速度越快，强化效应越明显。复合比越大，Q235 体积分数较小，第一次断裂对于整个复合材料影响较小，所以断裂时曲线较为平直，二次断裂现象依然不明显。但另一方面，两组元材料的体积分数越接近，变形协调性能反而越差。

在单向自由压缩试样中，分析了≤40%范围内压下率和复合界面与载荷方向夹角对其变形规律的影响。

随压下率的不断增加，由于应变强化效应，压缩应力增速先快后慢。0°试样在压缩过程中发生弯曲；30°、45°和 90°试样由于 06Cr19Ni10 部分应变强化效应要远大于 Q235，主要变形发生在 Q235 区域。30°与 45°情况下，在界面上产生比较大的剪切应力，界面两侧材料有沿界面进行流变相对滑动，未出现界面脱层或沿界面断裂现象，但大的压下率可能造成流变应力超过 Q235 材料的塑性室温极限，导致整体复合材料失效。

不管是拉伸与压缩试验，均为 Q235 部分先发生失效或出现损伤与破坏，所以在 Q235/06Cr19Ni10 层状复合材料的加工时，尤其是变形量较大时，一定要考虑基层材料的塑性失稳极限，保证复合材料的使用性能与寿命。

6 层间未约束的 Q235/06Cr19Ni10 层状复合材料室温轴向变形行为研究

Q235/06Cr19Ni10 层状复合材料两种组元材料力学性能上有一定差异，各有优缺点。研究组元材料对复合材料性能方面的改变是设计优质低价复合材料的基础。层间未约束的 Q235/06Cr19Ni10 层状复合材料拉伸时各个组元不会受到另一组元的影响，分析其拉伸过程中的变形特征和各力学性能指标，能让我们对这种层状复合材料变形时两组元的各自担任的角色有更加清楚的了解。

Q235/06Cr19Ni10 层状金属复合材料以其实用性及良好的经济效益获得了广泛的应用，对其使用性能方面的研究是获得高质量层状金属复合材料的保证。目前，对 Q235/06Cr19Ni10 层状复合材料单向载荷下的变形行为的研究还比较少，对其变形行为的研究对于 Q235/06Cr19Ni10 层状复合材料的发展具有重要意义。

本书对层间未加约束的 Q235/06Cr19Ni10 层状复合材料进行了轴向载荷下的拉伸实验研究和 ANSYS 有限元模拟分析，用于探究层间的约束状态对组元变形协调行为的影响。

单向拉伸实验结果表明，Q235 组元相比 06Cr19Ni10 更容易颈缩，伸长率小，层间未约束情况下拉伸时两组元之间的相互影响较小，Q235 先发生颈缩断裂。未约束状态下的复合材料屈服强度介于 Q235 和 06Cr19Ni10 的屈服强度之间，抗拉强度等于 Q235 应力下降速率与 06Cr19Ni10 应力上升速率相等时，Q235 与 06Cr19Ni10 应力之和的一半，断后伸长率略高于 06Cr19Ni10。

模拟结果表明，层间的约束使 Q235 和 06Cr19Ni10 之间的应力和应变相互协调，阻止了 Q235 的颈缩，提高了材料整体的变形抗力。

6.1 试验设计

本实验使用的两种材料，分别是 Q235 和 06Cr19Ni10。

（1）试样 I 的制备：

试样 I 是 Q235 的圆棒状拉伸试样，试验段截面直径为 8mm，试验段长度 25mm，夹持段为 M16 的螺纹，长度为 30mm，本拉伸试验夹头采用螺纹式夹头，这种夹头可以最大限度保证试样与夹头间无滑动，保证试验数据准确。试验段与夹持段由半径为 40mm 的圆弧过渡（见图 6-1）。由购买的 Q235 丝经过车削加工和抛光加工而成。

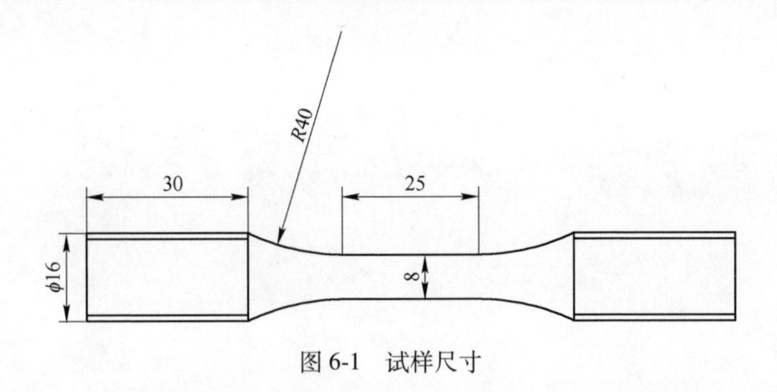

图 6-1 试样尺寸

车削加工：为制成合格拉伸试件，车削加工时使用锐利刀具和较高转速，切削深度控制在 1.2mm 以内，并且逐步减小切削深度，最后切削深度不大于 0.05mm。车削后的试样留一定的加工余量。

抛光：对车削后的试样试验段表面进行抛光处理，以除去车削加工的划痕，开始使用较粗的金刚砂纸打磨到设计尺寸，最后用 600 号金刚砂纸抛光。

尺寸检验：对抛光后的试样试验段尺寸进行测量，记录试样的实际尺寸，对试样的圆柱度和同心度进行检测，很差的圆柱度和同心度会对试验结果产生不良影响。尺寸测量时注意不要划伤试验段表面。

表面质量检验：对已经制备好的试样进行表面质量检验，表面光滑无加工划痕即为合格试样。详细记录检验情况，以便对试验后的结果进行正确的处理与分析。检验合格的试件装入专用纸袋妥善保管。不用手接触试验段表面，以防锈蚀。不立即使用的试样涂上凡士林存放。

（2）试样Ⅱ的制备：

试样Ⅱ除材料为 06Cr19Ni10 与试样Ⅰ不同外，其余加工过程与尺寸均与试样Ⅰ相同。

（3）试样Ⅲ的制备：

试样Ⅲ是无约束的 Q235/06Cr19Ni10 复合材料试样，Q235 与 06Cr19Ni10 的体积各占试样的 50%（见图 6-2、图 6-3）。

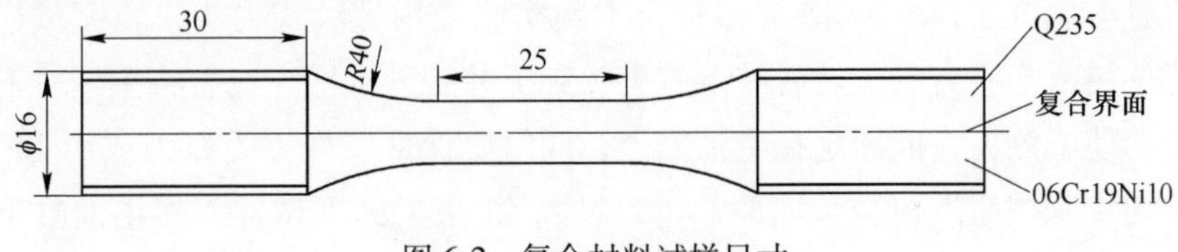

图 6-2 复合材料试样尺寸

试样Ⅲ的加工过程是先将 Q235 和 06Cr19Ni10 分别加工成尺寸略大于试样设计尺寸的圆棒状试样，再用线切割从中间切为两半，然后与另一种材料的一半试样组合在一起并将试样两端进行焊接。然后抛光至设计尺寸。

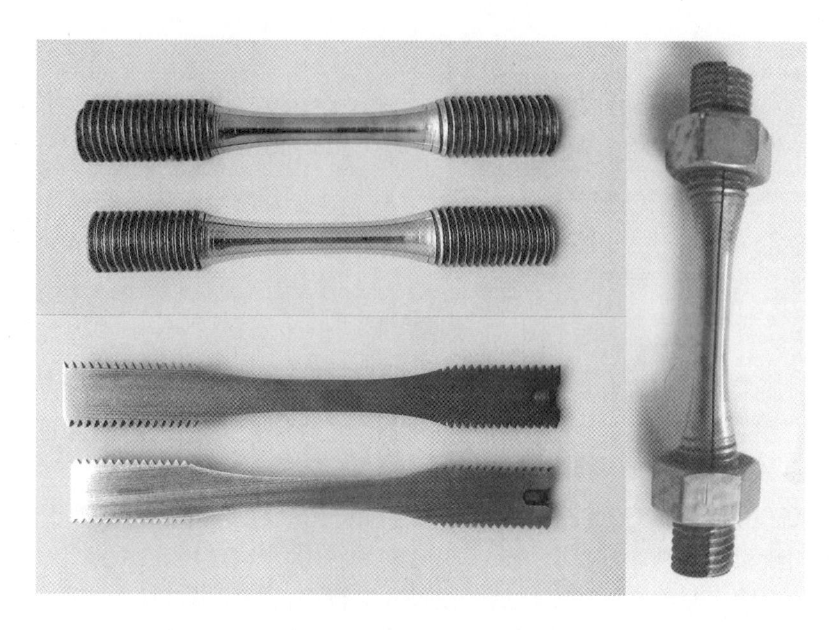

图 6-3　加工好的复合材料试样

试验过程：室温下，使用 HT9711 动态疲劳试验机对试样Ⅰ、试样Ⅱ、试样Ⅲ以 0.001s^{-1}的拉伸速率各进行一次拉伸试验。记录拉伸试验数据，保护拉伸试样断口。

本次用于拉伸实验的 HT9711 动态疲劳试验机是一台液压式材料试验机，可用于材料轴向低频（试验频率小于 30Hz）疲劳实验和轴向静态拉伸实验和压缩实验。为获得可信的实验数据和保护试验机，实验操作必须规范，具体操作步骤如下：(1) 依次打开试验机总电源和控制面板电源；(2) 待冷却系统启动后打开联板开关，并将联板调节至合适高度；(3) 打开电子控制箱电源和电脑，并进入静态拉伸程序；(4) 将主油缸升起 80mm；(5) 在程序中输入试样形状和尺寸及设置实验方法；(6) 装夹试样，本次实验采用螺纹式夹头，装夹试样时先将试样旋转入上侧夹头，然后将下侧夹头卸下并旋入试样，最后将主油缸升起合适高度，使下侧夹头能固定在主油缸上，同时要保证试样不受拉力或压力；(7) 点击开始实验按钮进行拉伸实验；(8) 实验结束后卸下试样，将主油缸下降至初始位置，保存实验数据和试样。

SEM 断口形貌观察：对拉伸实验后的试样断口用 ZEISS-EVO18 扫描电镜进行了观察。用于分析 Q235/06Cr19Ni10 复合材料的两种组元材料的断裂机理差异。

6.2　层间未约束的 Q235/06Cr19Ni10 层状复合材料拉伸过程分析

6.2.1　拉伸过程变形特征分析

拉伸试验结束后，试验机上保存了试样被拉伸的整个过程中的载荷位移曲线。拉伸开始时由于夹头与试样之间存在间隙，会造成曲线开始段位移增加很多而载荷增加很小，之后载荷又与位移表现为材料弹性范围内的成比例增加，数据处理时将比例增加段延长，其与坐标轴的交点设为坐标零点。试验机保存位移曲线还会出现有毛刺的情况，这是由于试验机设备的测量误差造成的，数据处理时已将这些毛刺除去，得到了平滑的载荷位移曲线。由载荷位移曲线计算得到了试样的工程应力和工程应变，其计算公式如下：

$$\varepsilon = \frac{L - L_0}{L_0} = \frac{\Delta L}{L_0} \tag{6-1}$$

$$\sigma = \frac{P}{A_0} \tag{6-2}$$

式中　ΔL——拉伸位移，mm；

L_0——试样标距区原长，mm；

P——拉伸载荷，N。

真应变 S 与真应力 e 的计算公式为：

$$S = \sigma(1 + \varepsilon) \tag{6-3}$$

$$e = \ln\frac{L}{L_0} = \ln(1 + \varepsilon) \tag{6-4}$$

得到的工程应力-应变曲线和真应力-应变曲线如图 6-4 和图 6-5 所示。

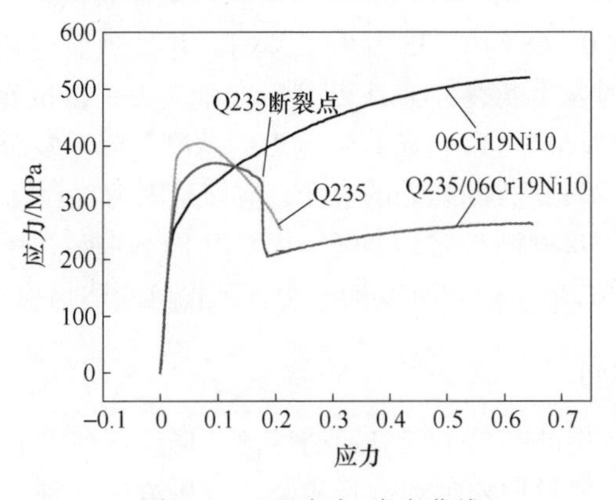

图 6-4　工程应力-应变曲线

从拉伸工程应力-应变曲线和真应力-应变曲线中可以看出，复合材料试样拉伸曲线基本处于两种组元材料的曲线中间，经过计算，得出了相同应变时复合材

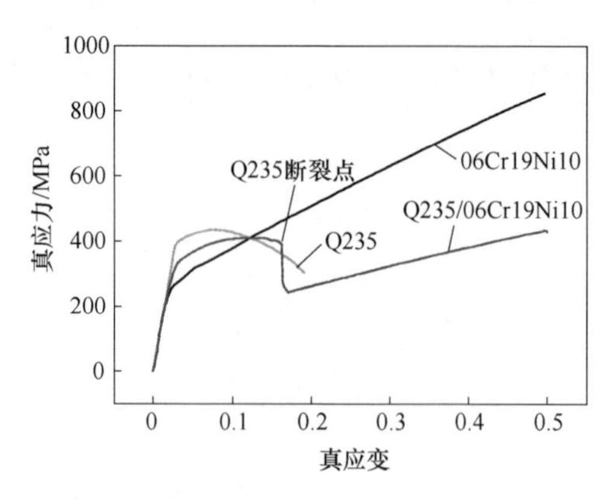

图 6-5　真应力-应变曲线

料试样的应力等于两组元材料应力之和的一半，即：

$$\sigma_{Q235/06Cr19Ni10}=\frac{\sigma_{Q235}+\sigma_{06Cr19Ni10}}{2} \tag{6-5}$$

从拉伸实验得出的工程应力-应变曲线和真应力-应变曲线中可以看出，弹性阶段三种材料应力-应变曲线基本重合，这是因为 Q235 和 06Cr19Ni10 两种材料的弹性模量相差很小。

Q235 和 06Cr19Ni10 均具有一定的塑性，拉伸过程都要经过塑性变形阶段，Q235 与 06Cr19Ni10 的塑性有差异，Q235 试样拉伸时产生了明显的颈缩，06Cr19Ni10 试样拉伸过程中直到断裂时都没发生明显的颈缩现象，颈缩应力由应变硬化系数 K 和应变硬化指数 n 确定，由此，06Cr19Ni10 比 Q235 有更大的应变硬化系数和应变硬化指数。

层间未约束的 Q235/06Cr19Ni10 层状复合材料圆棒状试样拉伸时，随着位移的增加，工程应变达到 0.068 时 Q235 发生了颈缩，并且颈缩逐渐加强，并且在工程应变达到 0.17 左右时发生断裂，Q235 断裂后完全失去了抵抗变形的能力，拉力减小，从应力-应变曲线图中可以明显看到应力的急剧下降。复合材料试样应力急剧下降处的应变小于 Q235 试样断裂处的应变，应该是因为复合材料中 Q235 试样的横截面积变小引起的。Q235 断裂之后，06Cr19Ni10 仍然未断，还能继续被拉伸，此时复合材料试样的应力是 06Cr19Ni10 的一半，工程应变达到约 0.64 时断裂。

6.2.2　断口形貌分析

金属材料断裂产生的断口上所显示的标记与形貌反映了其裂纹萌生及扩展的断裂机理，这些标记能够用宏观和微观的断口分析方法判别，通过断口分析还能鉴别出裂源位置和裂纹扩展方向。如果金属材料或断裂条件发生变化，则断口形貌也会改变，所以说通过断口来分析金属材料的断裂是可靠的。断裂是裂纹萌生和扩展的过程，所以不论何种断裂，断口通常都会有裂源区和裂纹扩展区，断口是裂纹扫过的面积，因此断口记录了断裂的整个动态变化的过程，对断口形貌进行全面的分析研究，就能够掌握断裂失效的整个过程。

裂纹源往往是在构件的表面、次表面或应变集中处萌生，拉伸试样断口通常具有纤维状区、放射状条纹区和剪切唇三个部分，剪切唇通常反映瞬时断裂的形貌特征，往往出现在最终断裂部分，与之相对应的是纤维区，纤维区通常是裂纹萌生时留下的形貌，因此裂纹源通常处于纤维状区。如果纤维状区的形状是圆形或椭圆形，则裂纹源处于圆形位置；如果纤维状区的形状是半圆或弧形条带，则裂纹在试样表面处萌生，圆棒状拉伸试样断口的纤维状区通常为弧形条带形状。

裂纹宏观扩展方向是指向裂纹源方向的相反方向，由纤维状区指向剪切唇区。

微观裂纹扩展方向根据断口的不同，有不同的判别方法。解理裂纹的局部扩展方向一般为：河流花样合并方向、扇形或羽毛状花样的发散方向、解理台阶高度增加的方向；韧窝裂纹局部扩展方向一般为：撕裂韧窝的抛物线方向表示撕裂裂纹局部扩展方向、剪切韧窝可通过张开型的剪切韧窝取向判别裂纹源的位置及裂纹的局部扩展方向。

Q235试样和06Cr19Ni10试样拉伸断口的SEM整体形貌如图6-6所示。Q235试样拉伸时颈缩明显，断后呈杯锥状断口，为明显的韧性断裂。用肉眼就可以观察到试样断口靠近表面的一圈有很大的剪切唇，断面中部呈纤维状，可以推断其裂纹源是断面的中心部位，右下角黑色区域是剪切唇太高导致的。06Cr19Ni10拉伸过程无明显的颈缩，断面收缩率约为37.59%。06Cr19Ni10试样断口有一明显的比较光滑的区域，是明显的瞬断区。通过查看拉断后的06Cr19Ni10试样，发现了试样表面外侧有如图6-7所示的较大的裂纹，可能是加工试样时划痕没有完全去除引起的，这一裂纹在试样截面的位置与这一光滑区域恰好是处于同一方位，使这一光滑区域的应力小于其他部位，导致了其成为试样拉伸的最后断裂部位。

a

b

图6-6 Q235（a）、06Cr19Ni10（b）整体断口形貌图

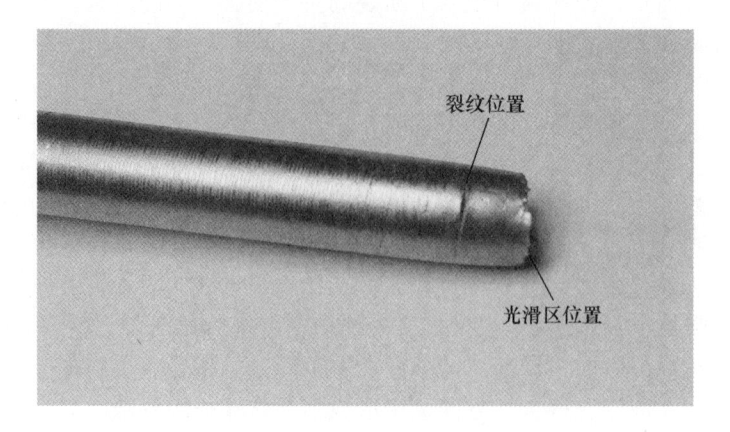

图 6-7　断裂试样表面裂纹

从微观形貌上看（见图 6-8），Q235 和 06Cr19Ni10 都有明显的韧窝，是微孔聚集型断裂，06Cr19Ni10 断口的韧窝比 Q235 断口略大、略深，中等大小的韧窝相对较多，韧窝分布也相对更加均匀，Q235 韧窝形核位置更多，韧窝更密集。

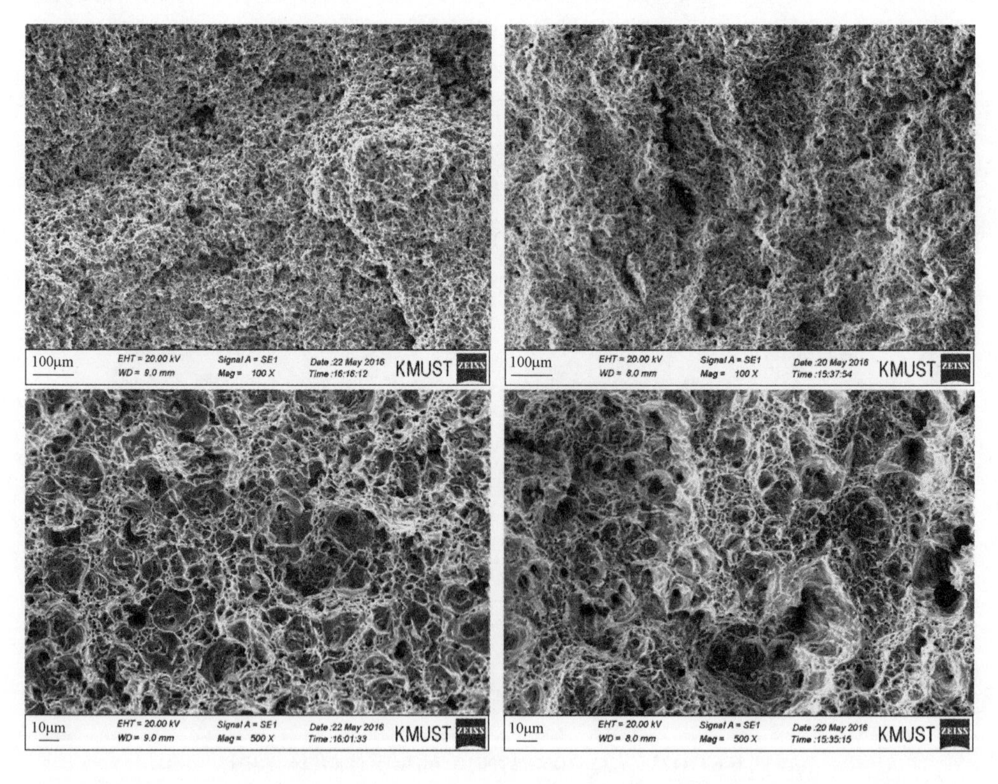

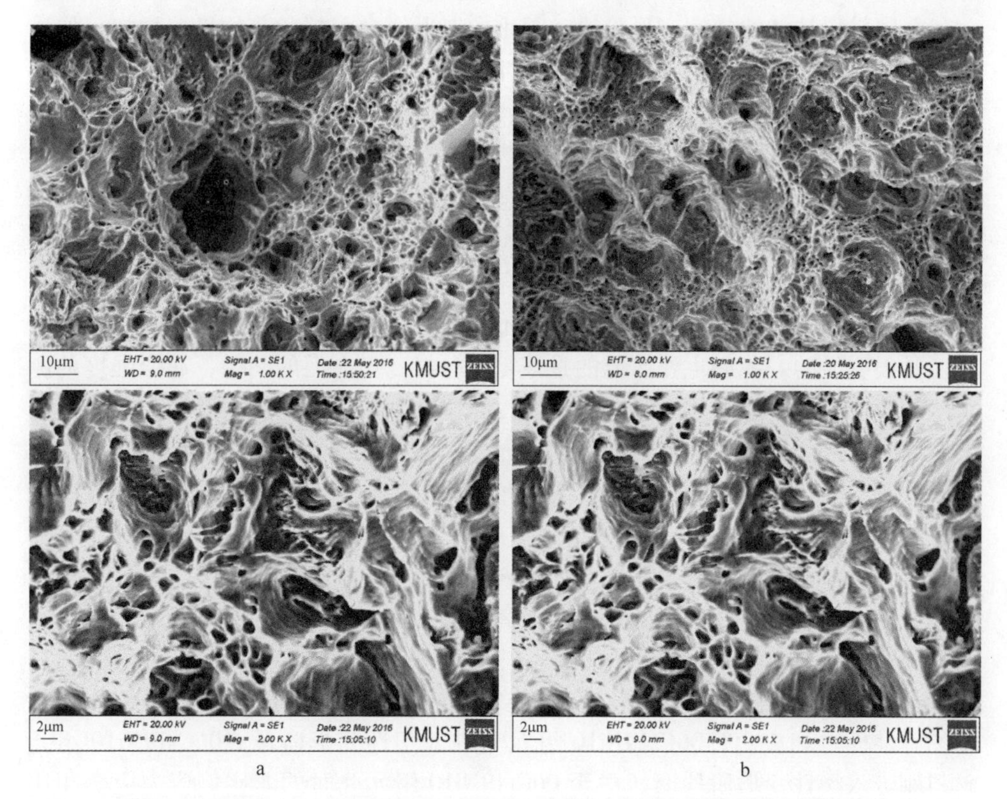

图6-8　Q235（a）和06Cr19Ni10（b）不同倍数下的扫描电镜断口形貌图

从Q235和06Cr19Ni10两种材料的拉伸试样分析和断口分析，我们可以得出：该Q235/06Cr19Ni10层状复合材料的两种组元材料均具有一定的塑性。

6.3　层间未约束的Q235/06Cr19Ni10层状复合材料力学性能指标分析

6.3.1　屈服强度分析

屈服强度是材料发生微量塑性变形时的应力大小，是弹性变形阶段结束，进入塑性变形阶段的重要标志。有的材料会在弹性阶段结束之后产生明显的屈服阶段，屈服阶段表现为应变有明显的增大，应力表现为上下的微小波动，在工程应力应变图中出现接近水平的小锯齿形折线。在这一阶段的最大应力和最小应力分别称为上屈服极限和下屈服极限。影响上屈服极限的因素很多，因此上屈服极限一般不稳定，下屈服极限有比较稳定的值，能够反映材料的性能，对于有屈服平台的材料，我们通常把下屈服极限称为这种材料的屈服极限或屈服点。对于无明显屈服平台的材料，我们通常以发生0.2%的塑性变形时的应力值作为该材料的屈服强度，这种强度为条件屈服强度。

金属材料拉伸的弹性变形阶段，很小的变形便会引起载荷的迅速增加，如果这个阶段以位移控制，容易导致弹性阶段很快被冲过去，加上试验机的测试误差，很可能观察不到屈服平台，所以金属材料试样拉伸过程中要想获得明显的屈服平台，弹性阶段最好使用载荷控制，达到弹性极限切换为位移控制，切换过程中应该尽量保证没有冲击、没有掉力。金属材料室温拉伸实验方法中也有拉伸速率控制方面的相关建议。本次的拉伸实验整个过程我们都是使用位移控制，加上试验机可能在位移速度控制和测量方面存在一定的误差，导致弹性阶段到塑性阶段的曲线变化比较杂乱，可能导致屈服不明显，但在整体上偏离比例发展处的位置还是很明显的。我们主要研究的是该复合材料变形方面的问题，屈服强度的测定不是十分重要，加之时间紧迫，所以没有再次优化实验。在这里我们主要是比较层间未约束的层状复合材料与其两组元之间屈服强度的大小关系，而且在这个实验中的三种试样的拉伸速度设置完全相同，测得的屈服强度可能与材料真实的屈服强度有较大误差。

三种材料的屈服强度大小关系如图6-9所示。从屈服强度图中我们可以看到层间未约束的复合材料试样的屈服应力高于06Cr19Ni10组元材料，低于Q235组元材料试样。产生这一现象的原因是试样弹性变形拉伸一直到屈服阶段，Q235的弹性模量和屈服强度都较高，Q235使复合材料表现出高于06Cr19Ni10组元材料的弹性模量和应力，06Cr19Ni10组元先进入塑性变形阶段，06Cr19Ni10组元材料刚进入塑性变形阶段时，由于06Cr19Ni10组元此时的非比例应力应变相比复合材料整体的应力应变相对较小，使复合材料的应力应变更趋向于表现为比例变形，因此复合材料的屈服强度必然会大于06Cr19Ni10组元材料的屈服强度。随着变形增加，06Cr19Ni10组元的非比例变形越来越大，其非比例应力应变在复合材料中表现得越来越明显，虽然此时Q235还处于比例变形阶段，06Cr19Ni10的小应力使复合材料的应力明显低于Q235组元的弹性应力，使复合材料试样的应力明显减小，应力应变曲线明显偏离比例伸长段，因此复合材料试样的屈服应力低于Q235的屈服应力。

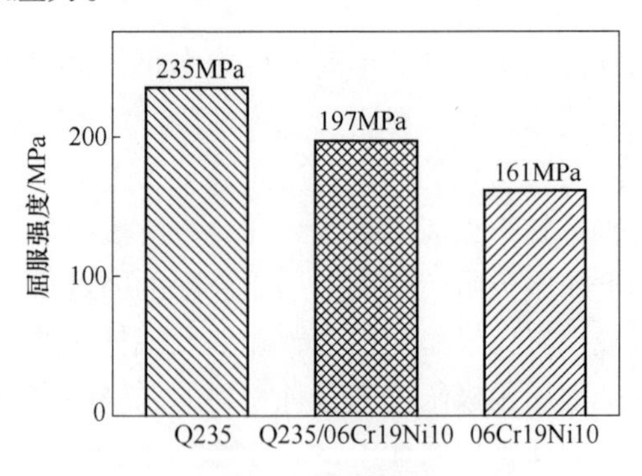

图6-9　屈服强度

6.3.2　抗拉强度分析

抗拉强度是材料的重要力学性能指标之一，标志着材料承受拉伸载荷的最大承载能力，是试样拉伸过程中承受的最大拉伸载荷时的应力。试样在拉伸应力达到抗拉强度之前变形是均匀的，超过抗拉后，试样开始发生颈缩。抗拉强度容易测定和重现性好，常常作为设计依据，并用于产品规格说明和质量控制指标。

实验得到的三种试样的抗拉强度值如图6-10所示。其中，Q235的抗拉强度值是出现在工程应变为0.07处，复合材料试样的抗拉强度值出现在应变为0.09处。根据前面拉伸过程变形特征分析中提到的同一应变下对应的复合材料试样拉伸应力等于Q235应力与06Cr19Ni10应力之和的一半，复合材料的抗拉强度也是Q235和06Cr19Ni10两种材料应力变化共同作用的结果。Q235达到抗拉强度之时，06Cr19Ni10的应力还比较小，两者之和并未达到最大。Q235越过抗拉强度颈缩之后，Q235的应力逐渐减小，06Cr19Ni10的应力继续增大，这一阶段06Cr19Ni10应力增加的速度大于Q235应力减小的速度，复合材料试样的应力仍然表现为增加。从曲线图中我们可以看出，Q235应力减小的速度是越来越大的，而06Cr19Ni10的应力增加速度逐渐减小，应变达到0.09时Q235应力减小的速度超过06Cr19Ni10应力增加的速度，复合材料试样的应力应变曲线开始由上升表现为下降，因此这应力点对应了复合材料试样的抗拉强度，这一点是组元材料均未完全失效的抗拉强度。

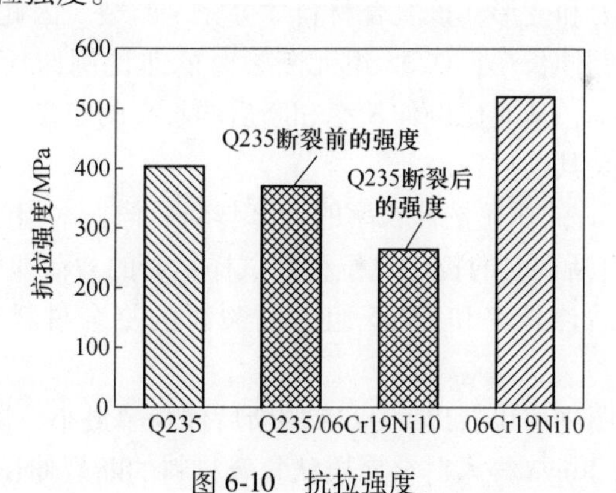

图6-10　抗拉强度

Q235断裂之后，06Cr19Ni10仍然未断，此时的载荷完全由06Cr19Ni10承担，随着应变的增加，06Cr19Ni10承受的拉力也慢慢增加，由于06Cr19Ni10不产生颈缩，复合材料应力一直增加，直到应变达到0.65，06Cr19Ni10也发生断裂，此时复合材料完全断裂，可以认为这一点是Q235组元完全失效后的未约束的Q235/06Cr19Ni10的又一个抗拉强度。Q235断裂之后的这个抗拉强度比断裂之前的大。

6.3.3 断后伸长率分析

断后伸长率δ是用于评价材料塑性性能的一个指标，是材料断裂后的塑性位移ΔL_k与试样原长的比值，即：

$$\delta = \frac{\Delta L_k}{L_0} \times 100\% \tag{6-6}$$

式中，ΔL_k可以由断裂后的试样标距长度的增加量确定，也可以由工程应力应变曲线计算得到，ΔL_k的计算公式为：

$$\Delta L_k = L_k - \frac{F_k}{E} \tag{6-7}$$

式中 L_k——试样断裂时被拉伸的总位移，mm；

F_k——试样断裂时承受的载荷，N；

E——试样的弹性模量，N/mm^2，此处由工程应力应变曲线直线部分的斜率近似确定。

由于层间未约束的Q235/06Cr19Ni10层状复合材料比较特殊，从该种材料承载性能方面考虑，其Q235组元断裂之后，变形抗力急剧减小，我们可以认为此复合材料已经失效，在某种程度上我们可以认为它已经断裂了；从断裂的定义方面考虑，该复合材料在Q235组元断裂后，06Cr19Ni10组元并未失去承载能力，还能抵抗一定的拉力和变形，该复合材料才会完全断裂。因此，我们这里从考虑其两个时刻的非比例伸长率，Q235组元断裂时的非比例伸长率和该材料完全断裂时的非比例伸长率，从非比例伸长率和断后伸长率的定义可知，其完全断裂时的非比例伸长率就是其断后率。

Q235组元断裂时的非比例伸长率的计算与断后伸长率相似，只要把L_k和F_k换为Q235组元材料断裂时的拉伸总位移和试样承受的载荷即可。

三种试样的断后伸长率和Q235组元断裂时的复合材料非比例伸长率如图6-11所示。

由断后伸长率图中可以看出，Q235的断后伸长率最小，说明Q235的拉伸的延展性较差。Inoue Junya等人对金属层状复合材料的断裂伸长率进行了研究，认为组元材料间的抗拉强度比和硬化指数对于优化材料的韧性是至关重要的。层间未约束的层状复合材料试样的断后伸长率最大，且其断后伸长率与06Cr19Ni10比较接近，稍大于06Cr19Ni10，说明复合材料试样的断后伸长率主要是由06Cr19Ni10不锈钢决定，06Cr19Ni10不锈钢延展性能较好，复合试样中的06Cr19Ni10比06Cr19Ni10试样的横截面积小，可能由此导致了复合试样中的06Cr19Ni10断后伸长率更大。

复合试样Q235组元材料断裂时的非比例伸长率小于Q235试样断裂伸长率，

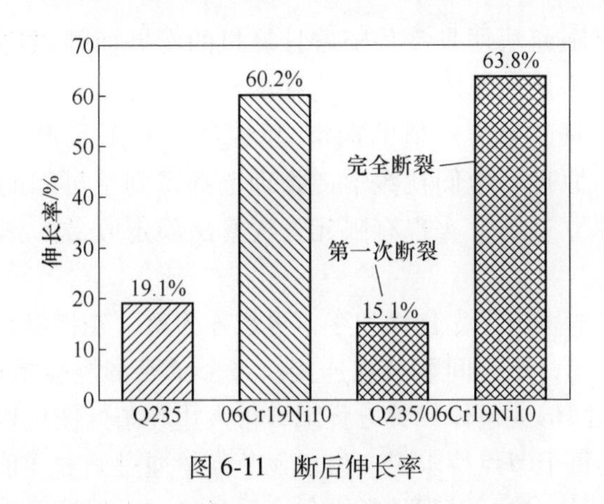

图 6-11 断后伸长率

说明层间未约束的 Q235/06Cr19Ni10 层状复合材料试样在组元材料断裂之前更倾向于比组元材料更小的延展性。

6.3.4 小结

本部分通过对 Q235 试样、06Cr19Ni10 试样、层间未约束的 Q235/06Cr19Ni10 层状复合材料试样拉伸实验结果的分析，得出了以下结论：

（1）Q235 和 06Cr19Ni10 两种材料均具有良好的塑性。层间未约束的 Q235/06Cr19Ni10 层状复合材料单向拉伸时，Q235 首先发生颈缩和断裂，Q235 断裂后，06Cr19Ni10 仍然具备很好的变形抵抗能力，产生很大的拉伸变形后才断裂。

（2）未约束的 Q235/06Cr19Ni10 复合材料进入塑性变形阶段之前力学性能表现更趋向于 Q235，进入塑性变形是 06Cr19Ni10 首先发生较大的塑性变形引起的，屈服强度介于 Q235 和 06Cr19Ni10 之间。

（3）未约束的 Q235/06Cr19Ni10 复合材料抗拉强度出现的时刻是 Q235 材料出现承载能力下降的颈缩阶段，是 Q235 应力下降速率等于 06Cr19Ni10 应力上升速率的时刻。

（4）未约束的 Q235/06Cr19Ni10 复合材料在组元均未失效的条件下，非比例伸长率小于所有组元材料。其断后伸长率高于组元中伸长率最高的材料。

6.4 基于 ANSYS 的层状金属复合材料轴向变形模拟

6.4.1 有限元方法简介

有限元法是绝大多数科学研究和工程计算领域求解非线性问题的一种被广泛应用的有效手段。在工程技术领域，人们已经得到了许多力学问题遵循的基本方程和边界条件，但只能对较简单的问题进行求解，对于物理形状复杂或涉及某些非线性特征时，很难得到解析解。对于复杂的工程力学问题求解的最佳方式是数值法。有限元法便是一种随着计算机的发展而得以迅速发展起来的现代数值法。有限元法使用矩阵形式表达基本公式，有限元法实际上是一种以计算机和矩阵作为工具的分片插值的瑞雷-里兹法。有限元方法的理论基础是变分原理、能量守恒原理，他们在数学、物理上都得到了可靠的证明。只要研究问题的数学模型建立适当，实现有限元方程算法稳定收敛，则求得的解释真实可靠。

有限元法的基本思想是先化整为零，再积零为整，先将复杂连续体分割为有限个相对简单的单元，单元间靠节点连接。每个单元都能容易地建立平衡方程。所有单元的方程共同形成总体代数方程组，带入边界条件便可以对这些方程组求解，便可得到单元每个节点待求量。由单元节点量通过函数插值便可得到连续体内任意一点的待求量。这一过程从数学角度看是将一个偏微分方程化成一个代数方程组，然后对代数方程组求解得到偏微分方程解的过程。

目前，有限元法已广泛应用于固体力学、流体力学、传热学、电磁学等各个领域。固体力学方面，有限元法可以用于材料的线性和非线性静力分析、动力分析、蠕变分析和稳定性分析等，能够计算得到结构的应力应变、稳定性极限、固有频率等数据。

使用有限元法对固体材料进行静力分析的计算思路如下：

（1）前处理：按照固体结构的几何尺寸在计算机中构造其几何模型，然后将其离散化处理，得到由有限个单元组成的可用于计算的计算模型。单元数目越多计算精度越高，但是也会导致计算量增大。

（2）有限元解析：有限元解析这一步骤主要是对由单元的刚度矩阵和单元等效节点载荷列阵得到结构的刚度矩阵 K 和等效节点载荷列阵 P，再由 K、P 和边界条件得到节点位移。

（3）后处理：有限元解析求解得到的结果是各个节点的位移，这些基本数据还不够直观，后处理过程就是将计算得到的基本数据进行再加工，这是目前几乎所有有限元程序都具备的一项基本功能。通过后处理能得到更多的直观信息，如变形云图、应力应变云图等，并利用计算机的交互图像显示技术以图像的方式生动呈现给研究者。

6.4.2 ANSYS 有限元软件介绍

ANSYS 是目前世界上顶尖的融合结构、传热学、流体、电磁、声学、爆破分析和多物理场耦合于一体的大型通用有限元程序。ANSYS 具备强大的非线性分析能力，可用于几何非线性、材料非线性及状态非线性的分析。ANSYS 有 Mechanical APDL 和 Workbench 两个界面，Mechanical APDL 界面具有最大的自由度，Workbench 界面更加友好，更加人性化。

6.4.3 基于 ANSYS 的层状金属复合材料轴向变形模拟

使用实验的方式对层状复合材料轴向变形进行研究时，我们仅能对其变形过程和变形结果的表面变形形态推测其产生这种变形的原因。通过有限元模拟，我们可以更精确地了解材料变形各个阶段各个部位的应力和应变情况，有助于我们对其变形行为进行研究。

本书使用 ANSYS Workbench 对层间未约束的 Q235/06Cr19Ni10 和层间完全约束 Q235/06Cr19Ni10 两种层状复合材料进行了模拟。其模拟过程如下：

（1）将拉伸实验得到的 Q235 试样和 06Cr19Ni10 试样的应力应变关系导入 ANSYS 作为材料本构，建立单一材料的圆棒状试样实体模型，进行单一材料的模拟，将模拟的应力应变曲线与实验结果进行对比，如果结果相差较大，对材料的本构进行调整后再次模拟，直到模拟结果与实验结果基本重合为止。将最终模拟较好的本构关系作为 Q235 和 06Cr19Ni10 材料的本构。

（2）建立层间未约束的层状复合材料模型和层间约束的复合材料模型，赋予步骤（1）中的材料数据，进行复合材料的模拟计算。图 6-12 为材料设置界面，图 6-13 所示为划分好网格的实体模型。

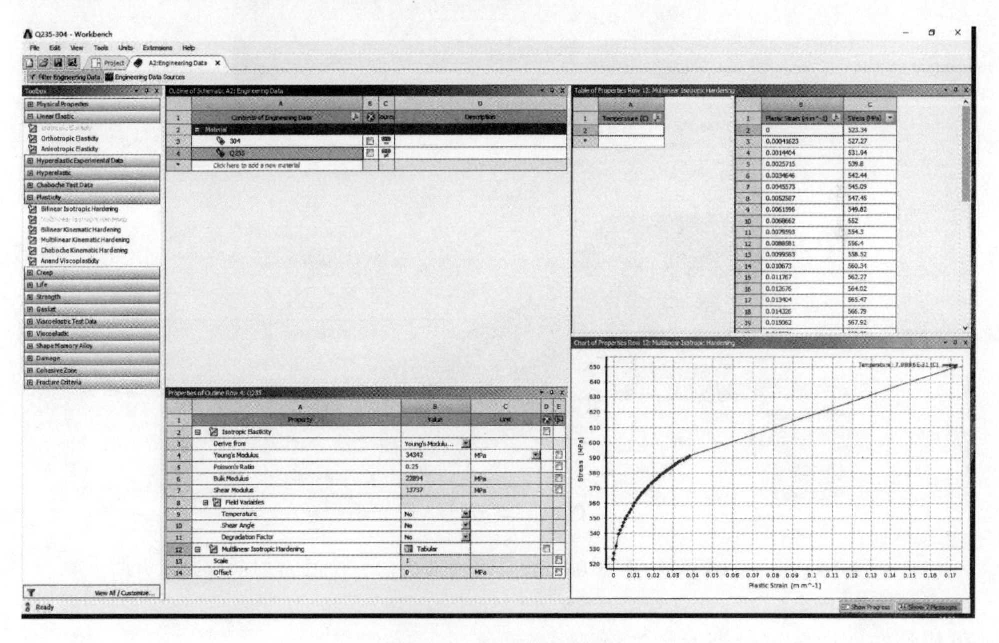

图 6-12 材料设置界面

模拟结果如图 6-14～图 6-25 所示（图中上面为 Q235，下面为 06Cr19Ni10）。由应力场和塑性应变场的分析可知，层间约束对复合材料的等效应力场的分

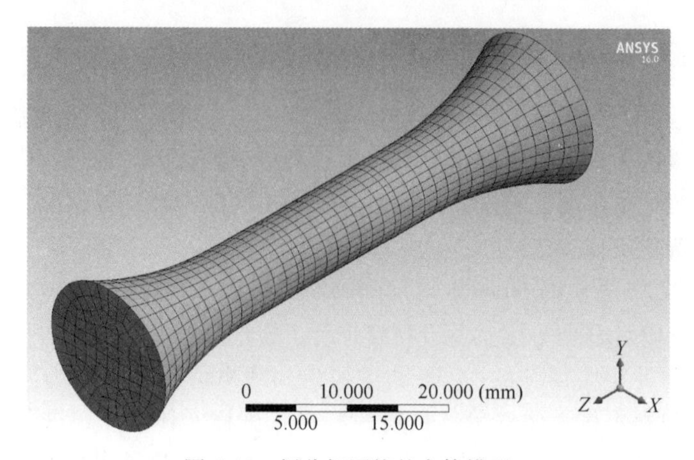

图 6-13　划分好网格的实体模型

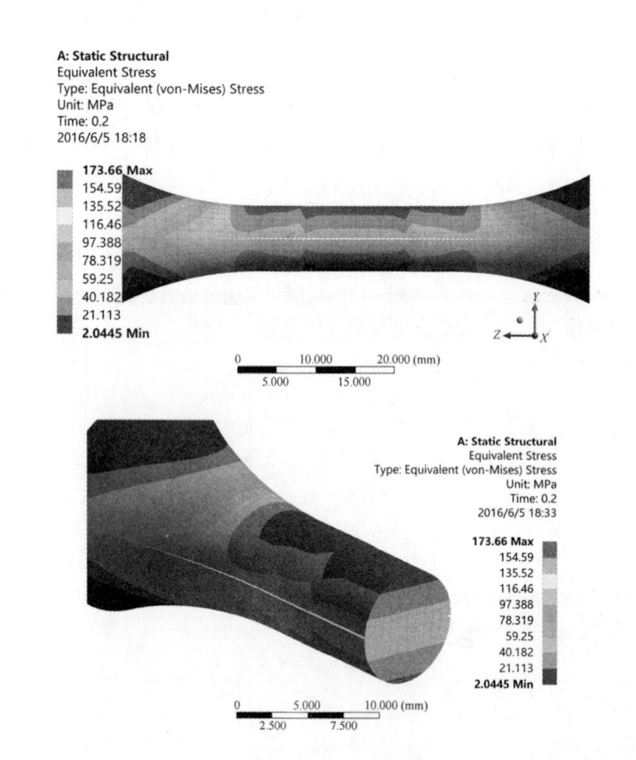

图 6-14　层间未约束的 Q235/06Cr19Ni10 拉伸位移为 0. 2mm 时的等效应力场

布和塑性变形区域分布有较大影响。

拉伸位移为 0. 2mm 时，两种组元材料都处于弹性变形阶段，未约束的 Q235/06Cr19Ni10 层状复合材料圆棒状试样较大应力在远离界面的试样表面，层间约束的层状复合材料的表面应力较均匀。

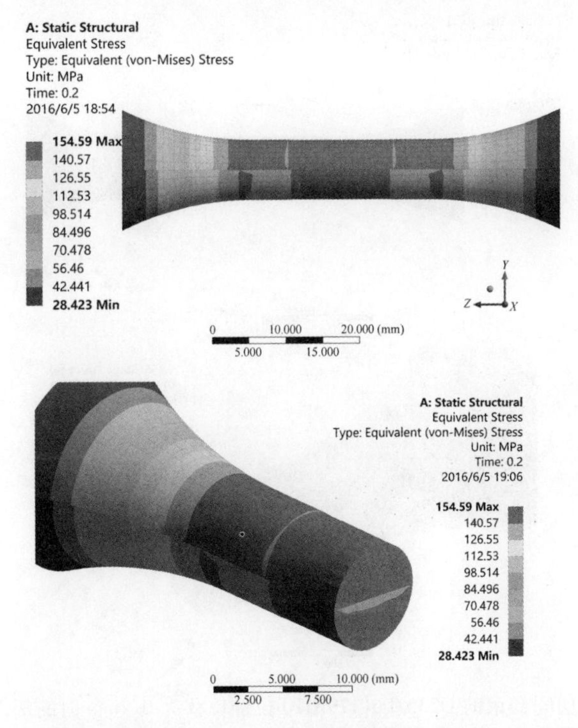

图 6-15 层间约束的 Q235/06Cr19Ni10 拉伸位移为 0.2mm 时的等效应力场

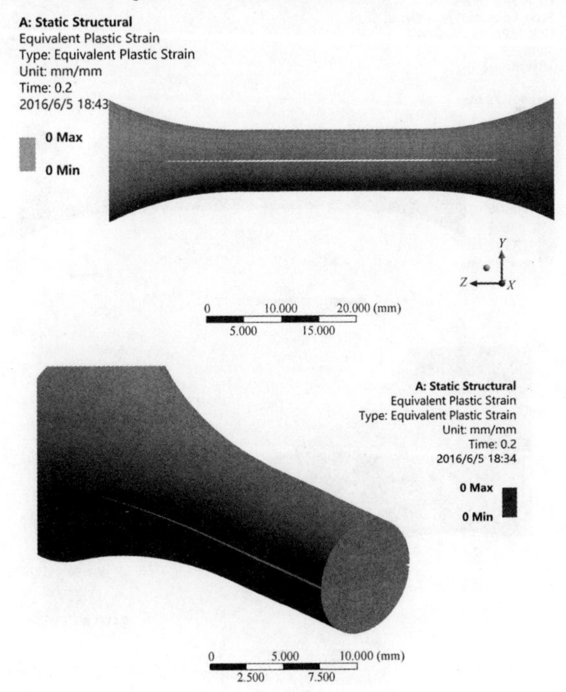

图 6-16 层间未约束的 Q235/06Cr19Ni10 拉伸位移为 0.2mm 时的塑性应变场

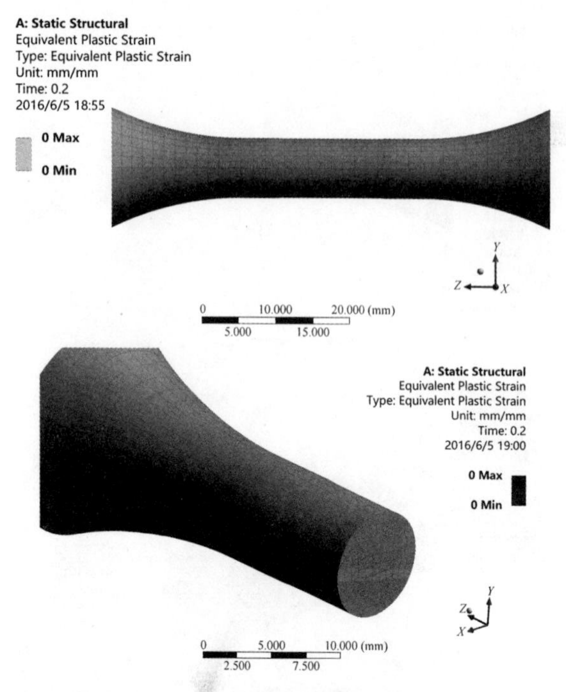

图 6-17　层间约束的 Q235/06Cr19Ni10 拉伸位移为 0.2mm 时的塑性应变场

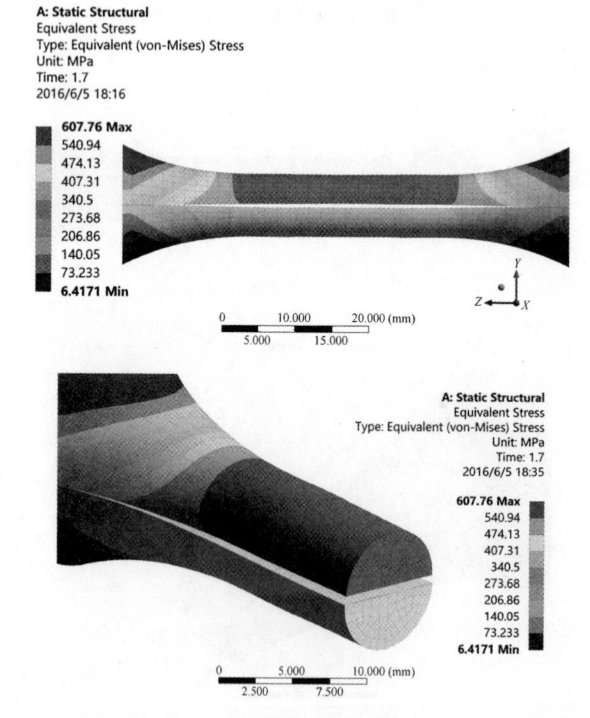

图 6-18　层间未约束的 Q235/06Cr19Ni10 拉伸位移为 1.7mm 时的等效应力场

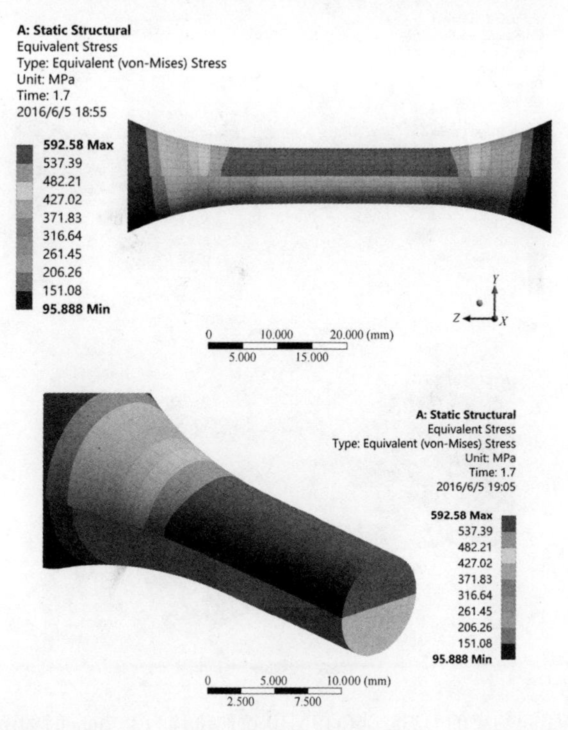

图 6-19 层间约束的 Q235/06Cr19Ni10 拉伸位移为 1.7mm 时的等效应力场

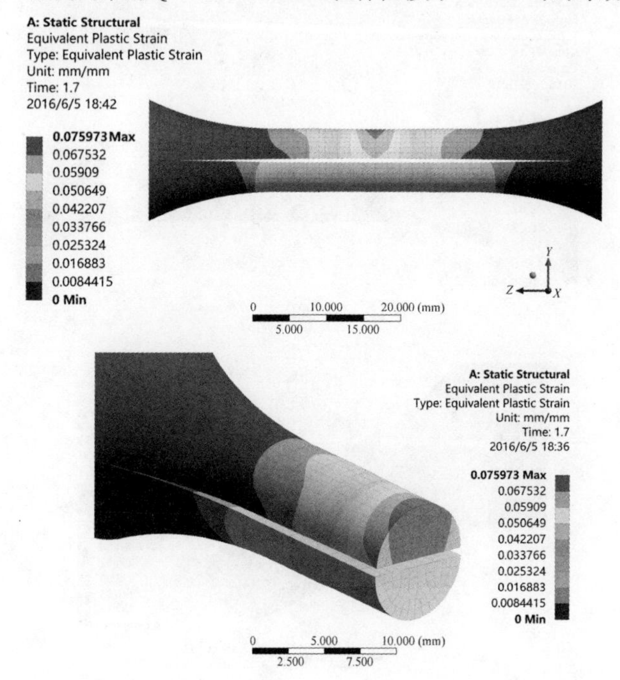

图 6-20 层间未约束的 Q235/06Cr19Ni10 拉伸位移为 1.7mm 时的塑性应变场

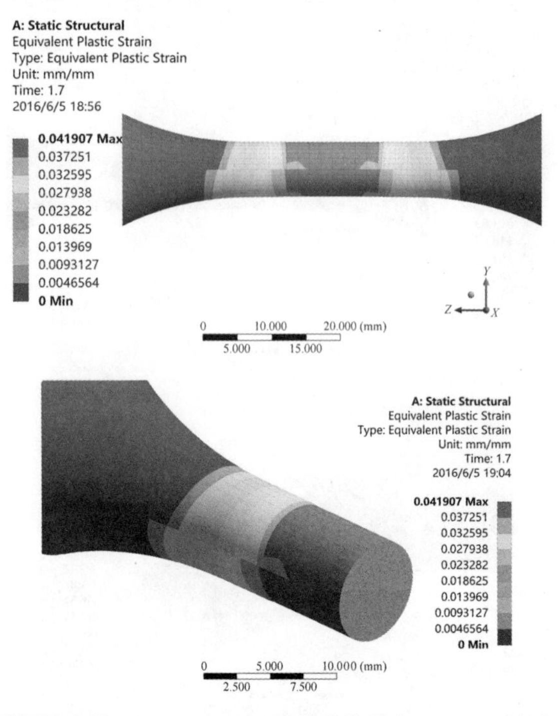

图 6-21 层间约束的 Q235/06Cr19Ni10 拉伸位移为 1.7mm 时的塑性应变场

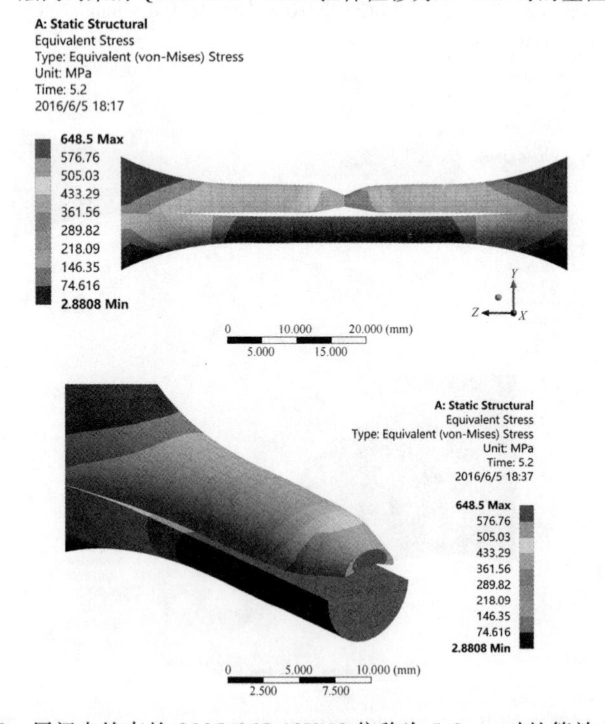

图 6-22 层间未约束的 Q235/06Cr19Ni10 位移为 5.2mm 时的等效应力场

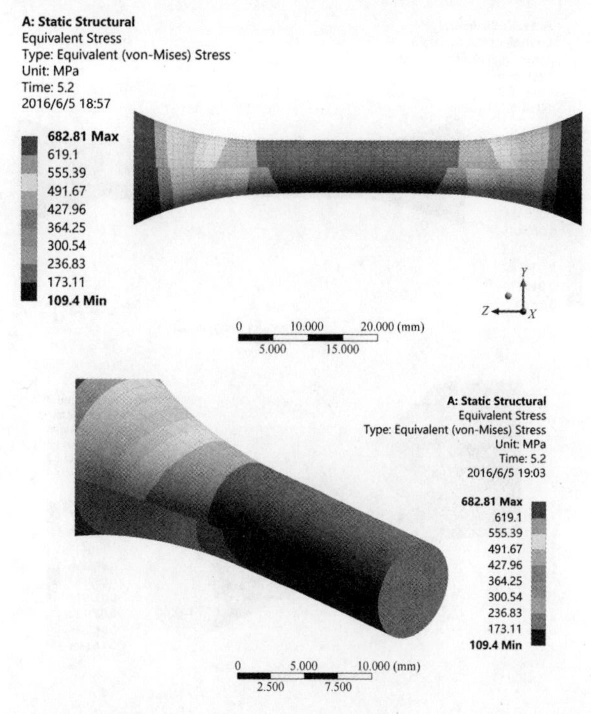

图 6-23　层间约束的 Q235/06Cr19Ni10 位移为 5. 2mm 时的等效应力场

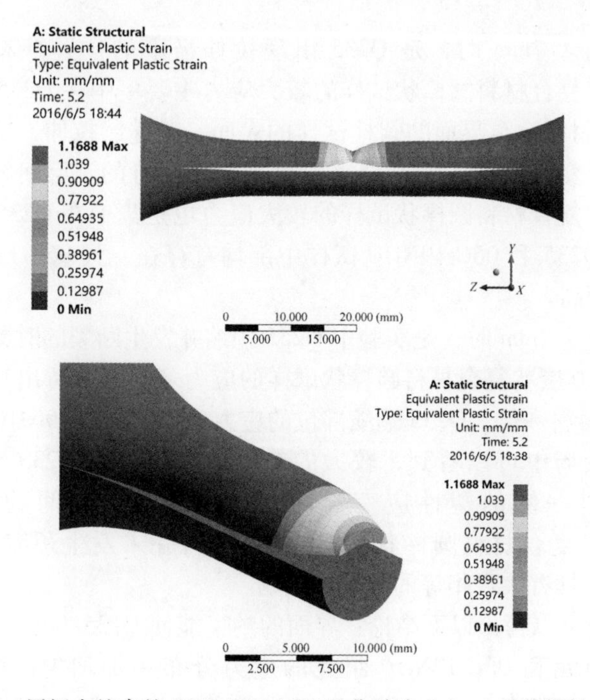

图 6-24　层间未约束的 Q235/06Cr19Ni10 位移为 5. 2mm 时的塑性应变场

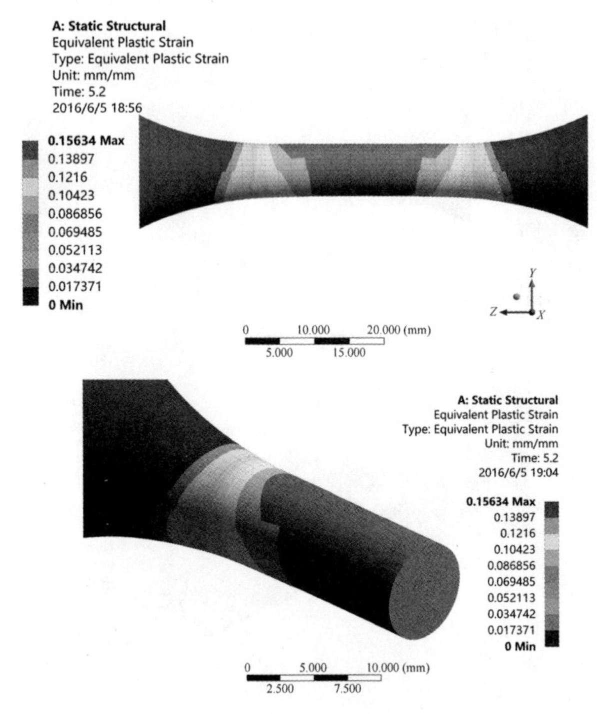

图 6-25　层间约束的 Q235/06Cr19Ni10 位移为 5. 2mm 时的塑性应变场

拉伸位移为 1. 7mm 时，是 Q235 出现拉伸极限的位置，未约束的 Q235/06Cr19Ni10 层状复合材料圆棒状试样的较大应力主要集中在 Q235 试样，塑性应变出现在 Q235 材料远离界面的圆柱试样的表面。若继续拉伸，试样将从此处发生较大的塑性应变而产生颈缩这与实验也是比较相符的。层间约束后的 Q235/06Cr19Ni10 层状复合材料圆棒状试样的较大应力也是集中在 Q235 一侧，但是其塑性应变则在 Q235 和 06Cr19Ni10 试样中部均有存在，且 06Cr19Ni10 材料组元总体塑性应变更高。

拉伸位移为 5. 2mm 时，是实验中 Q235 颈缩并发生断裂的时刻。从未约束的 Q235/06Cr19Ni10 层状复合材料圆棒状试样的应力场中可以看出，较大应力分布在 06Cr19Ni10 材料一侧，Q235 颈缩部位的应力略小于 06Cr19Ni10 材料层的较大应力；塑性应变场中可以看到，较大的塑性应变集中在 Q235 材料的颈缩处，06Cr19Ni10 材料一侧的塑性应变与之相比非常小。层间约束后的 Q235/06Cr19Ni10 层状复合材料圆棒状试样 Q235 材料并未发生颈缩，Q235 组元和 06Cr19Ni10 组元具有大致相等的塑性应变场。

由以上分析可以得出以下结论：界面的约束能使 Q235/06Cr19Ni10 层状复合材料的 Q235 组元和 06Cr19Ni10 组元的应力分布更加均匀，变形更加协调。06Cr19Ni10 在一定程度上阻止了 Q235 的颈缩。Q235 使 06Cr19Ni10 塑性变形更加集中在试样中部。曾俊杰研究的矩形层状复合材料试样在单向载荷下的变形情况也是相符合的，他在“断口形貌与表面变形特征分析”一节中，得出了Q235/06Cr19Ni10矩形试样拉伸断口上06Cr19Ni10的断面收缩率大于Q235断面收缩率的实验结果。说明复合界面的约束后由于06Cr19Ni10材料层承受了轴向拉伸和Q235材料层颈缩时对06Cr19Ni10产生了垂直于复合界面的力，使06Cr19Ni10承载的力相比层间未约束时更大，同时也使Q235的应力减小，延缓了Q235的颈缩。06Cr19Ni10在较高的应力下产生的塑性变形较大，导致了其发生了较大的塑性变形，断面收缩率甚至超过了Q235材料层。Q235能对复合材料提供更多的变形抗力，提升材料的抗拉性能。

6.4.4 小结

使用ANSYS有限元软件对层间未约束和约束的两种Q235/06Cr19Ni10层状复合材料轴向拉伸变形过程进行了模拟，得到了两种复合材料在各个变形阶段的应力场和塑性应变场，对比分析了约束和未约束状态下Q235/06Cr19Ni10层状复合材料在各个变形阶段的应力场、塑性应变场和变形情况的差异。得到了层间约束能使Q235/06Cr19Ni10层状复合材料的应力分布更加均匀，变形更加协调的结论。

6.5 结论

本课题主要研究了层间未约束的Q235/06Cr19Ni10层状复合材料在室温单向载荷下的变形行为。主要通过拉伸实验对其拉伸过程的整体变形特征、断口形貌特征、屈服强度、抗拉强度以及断后伸长率进行了分析，指出了这种复合材料的特殊性。通过ANSYS对其变形过程进行了模拟，对比分析了层间未约束和约束时的应力场和应变场的区别，总结了层间约束状态对其变形行为的影响。

通过对拉伸实验结果的分析，得出了Q235/06Cr19Ni10两组元材料力学性能方面的差异和层间未约束的Q235/06Cr19Ni10层状复合材料室温下力学性能与组元材料之间的关系。

力学性能差异方面，Q235组元的塑性比06Cr19Ni10略差，容易发生颈缩，06Cr19Ni10塑性较好，不易发生颈缩，伸长率较高。

层间未约束的Q235/06Cr19Ni10层状复合材料的性能方面，屈服强度介于两组元屈服强度之间，抗拉强度出现的时刻是Q235应力下降速率等于06Cr19Ni10应力上升速率的时刻；组元未发生完全失效之前其非比例伸长率比组元材料的断裂伸长率都低，其组元材料完全断裂时的断裂伸长率比组元的断裂伸长率都高。

模拟结果显示，层间的约束状态对Q235/06Cr19Ni10层状复合材料的等效应力场的分布和塑性应变场的分布影响较大。层间约束后，06Cr19Ni10使Q235材料组元的颈缩被推迟，而Q235使06Cr19Ni10的应力增加，使06Cr19Ni10产生更多的塑性应变。

7 不锈钢复合材料的连接技术

7.1 引言

焊接是工业加工、制造、安装最常用的连接方式。不锈钢复合板在形成焊接接头过程时，由于基层碳钢和覆层不锈钢化学成分、物理性能、焊接性能存在巨大差异，从而易造成不锈钢复合板焊接过程存在焊缝化学成分稀释导致焊接接头产生裂纹。不锈钢复合板基层的碳素钢或低合金钢中不含 Cr、Ni 等合金元素，在焊接过程中，基层熔化时对焊缝金属中的合金元素 Cr、Ni 等有稀释作用，从而改变焊缝金属的化学成分和组织状态。而焊缝中奥氏体形成元素 Cr、Ni 含量的减少，焊缝金属中出现马氏体组织，使焊接接头脆性增大，导致焊接接头产生裂纹。从而恶化接头质量并导致焊缝腐蚀性下降，见图 7-1~图 7-3 的扫描电镜 EDX 图。

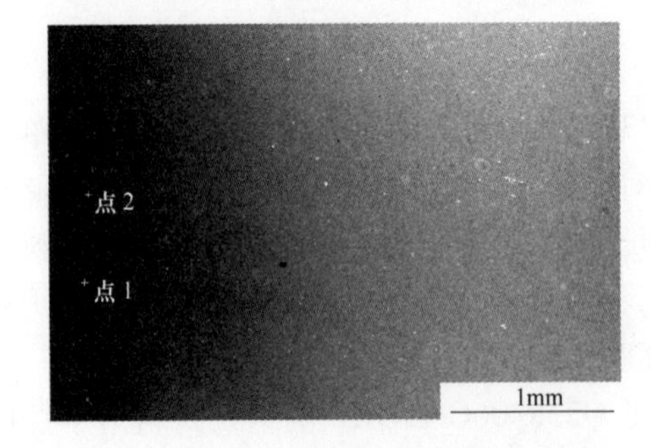

（质量分数,%）

元素	点 1	点 2
C K	0.06	0.06
Si K	0.60	0.40
Cr K	18.96	19.42
Mn K	0.93	
Fe K	71.35	72.28
Ni K	8.10	7.84
合计	100.00	100.00

图 7-1　不锈钢覆层电镜扫描结果

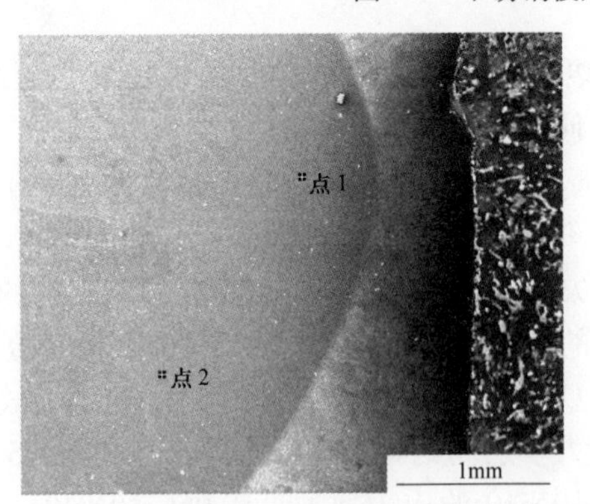

（质量分数,%）

元素	点 1	点 2
C K	0.06	0.06
Si K	0.60	0.40
Cr K	18.96	19.42
Mn K	0.93	
Fe K	71.35	72.28
Ni K	8.10	7.84
合计	100.00	100.00

图 7-2　焊缝底部（靠碳钢）电镜扫描结果

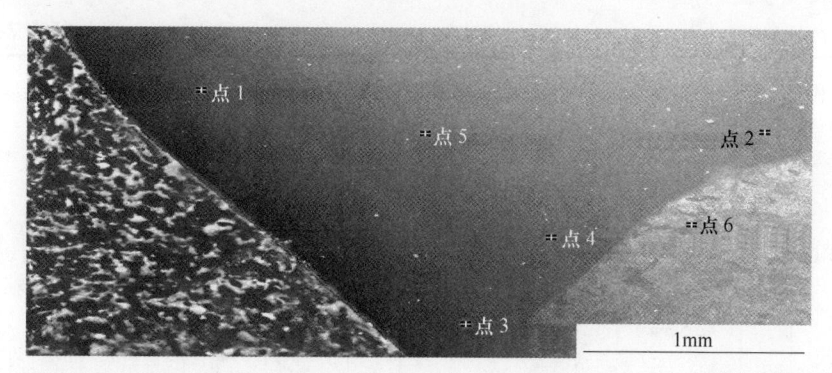

（质量分数，%）

元素	点1	点2	点3	点4	点5	点6
C K	0.05	0.10	0.09	0.12	0.09	0.14
Si K						
Cr K	13.87	10.59	9.66	10.22	11.51	
Mn K	1.16				1.08	
Fe K	79.19	85.41	86.26	85.23	82.85	99.86
Ni K	5.73	3.91	3.99	4.42	4.48	
合计	100.00	100.00	100.00	100.00	100.00	100.00

图7-3 焊缝底部（靠不锈钢）电镜扫描结果

7.2 复合板平板焊接研究

采用手工电弧焊及氩弧焊+填丝焊方式对3mm、6mm不锈钢复合板进行了焊接研究，厚规格≥4mm采用双面焊接成型，薄规格≤3mm采用单面焊双面成型方式。手工电弧焊采用锐龙ZX7 400G焊机进行试验，氩弧焊+填丝焊接采用熊谷WS5-400焊机，送丝装置为振康SB-10-500，氩气流量17~20L/min，送丝速度3.17m/min。焊接工艺参数及力学性能检测结果见表7-1和表7-2，拉力样品及焊缝宏观金相见图7-4和图7-5。

表7-1 焊接工艺参数

序号	送检编号	规格	坡口及间隙	极性	焊接道次	焊条（焊丝）	焊接顺序		焊接电流/A	焊接电压/V	焊接速度/cm·s^{-1}	焊接线能量/kJ·cm^{-1}
							先	后				
1	X4号	6mm	60°~80° V型坡口 间隙 1.6~2.5mm	直流反接	打底	ϕ3.2mm CHS302	不锈钢	碳钢	71~73	22~23	0.279	1.68~1.81
					盖面	ϕ3.2mm CHE422			90	25~26	0.288	2.34~2.43

续表 7-1

<table>
<tr><th rowspan="2">序号</th><th rowspan="2">送检编号</th><th rowspan="2">规格</th><th rowspan="2">坡口及间隙</th><th rowspan="2">极性</th><th rowspan="2">焊接道次</th><th rowspan="2">焊条（焊丝）</th><th colspan="2">焊接顺序</th><th rowspan="2">焊接电流/A</th><th rowspan="2">焊接电压/V</th><th rowspan="2">焊接速度/cm · s^{-1}</th><th rowspan="2">焊接线能量/kJ · cm^{-1}</th></tr>
<tr><th>先</th><th>后</th></tr>
<tr><td>2</td><td>X7 号</td><td>6mm</td><td>60°～80° V 型坡口 间隙 1. 6～2. 5mm</td><td>直流反接</td><td>打底及盖面</td><td>ϕ3. 2mm CHS302</td><td>不锈钢</td><td>碳钢</td><td>86～87</td><td>23～24</td><td>0. 246</td><td>2. 41～2. 55</td></tr>
<tr><td>4</td><td>g36 号</td><td rowspan="3">3mm</td><td rowspan="3">不开坡口 间隙 1. 6mm</td><td rowspan="3">直流正接</td><td rowspan="3">一道次成型</td><td rowspan="3">ϕ1. 0mm ER309L</td><td>碳钢</td><td>不锈钢</td><td>168～170</td><td>13. 6～13. 8</td><td>0. 342</td><td>3. 34～3. 44</td></tr>
<tr><td>5</td><td>g40 号</td><td>不锈钢</td><td>碳钢</td><td>190～193</td><td>14. 4～14. 7</td><td>0. 420</td><td>3. 25～3. 38</td></tr>
<tr><td>6</td><td>g50 号</td><td>碳钢</td><td>不锈钢</td><td>169</td><td>12. 8</td><td>0. 328</td><td>3. 29</td></tr>
</table>

表 7-2　焊接试样力学性能

试样编号	规　格	R_m/MPa	试样断裂位置	面弯	背弯
X4 号	6mm	432	断于焊缝	合格	合格
X7 号	6mm	502	断于母材	合格	合格
g36 号	3mm	431	断于母材	合格	合格
g40 号	3mm	444	断于母材	合格	合格
g50 号	3mm	462	断于母材	合格	合格

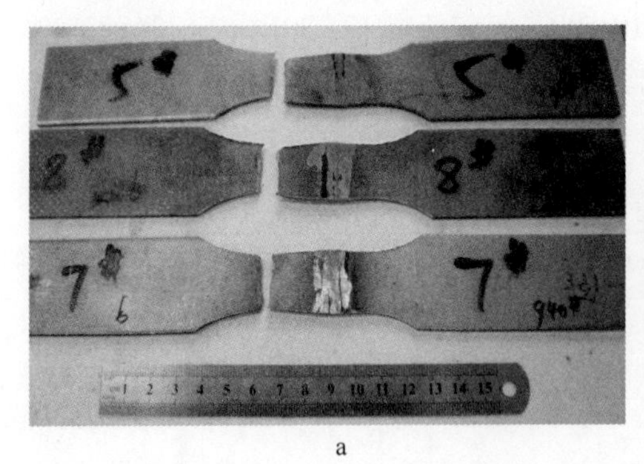

a

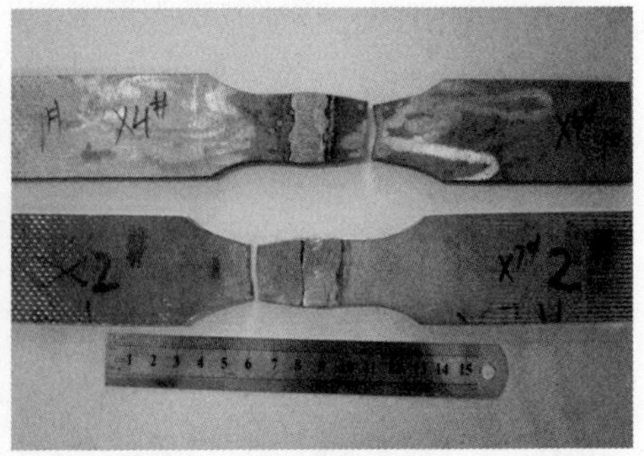

b

图 7-4　拉伸断裂试样

a—3mm 试样；b—6mm 试样

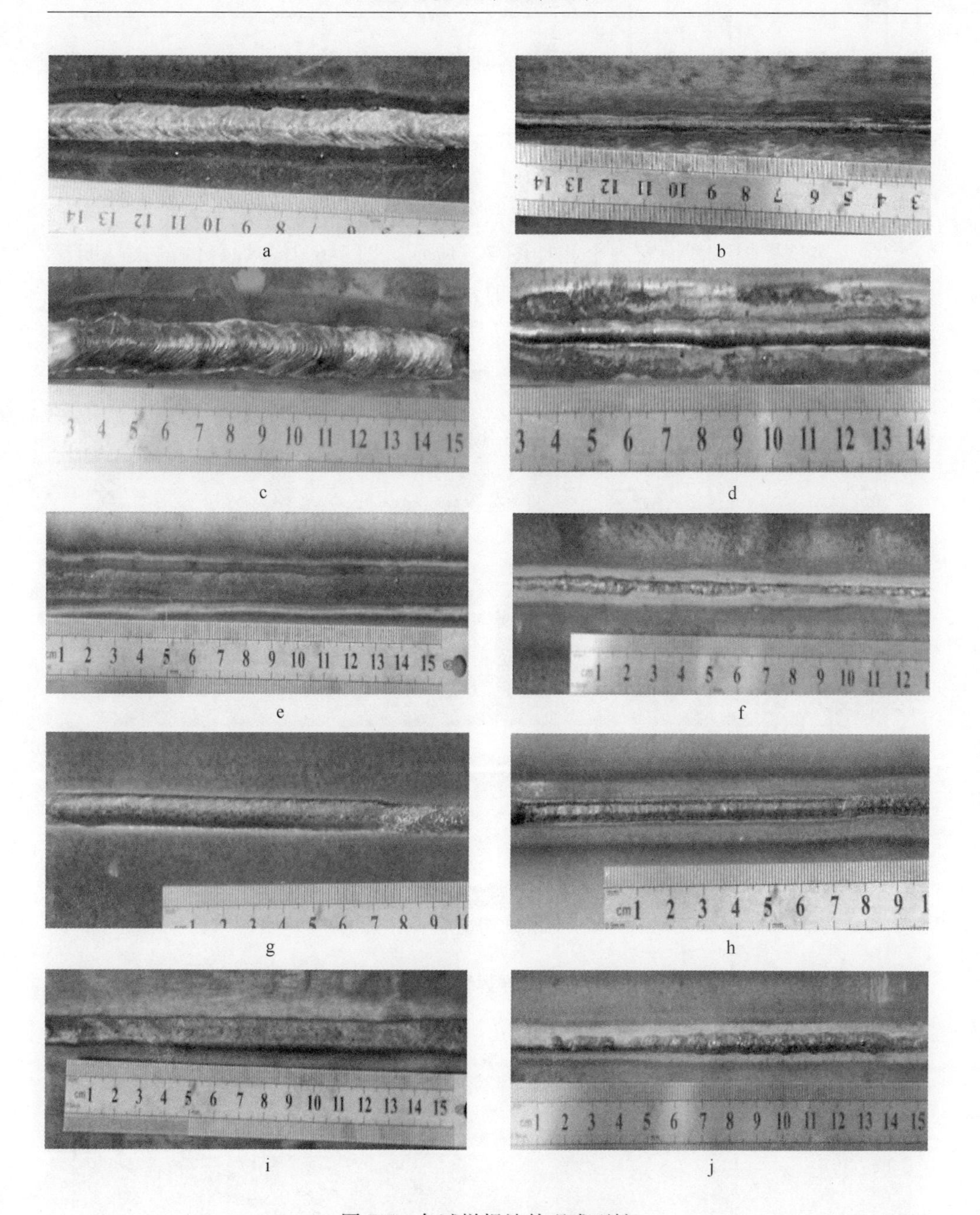

图 7-5 各试样焊缝外观成型性

X4 号试样：a—焊缝正面（碳钢层），b—焊缝背面（不锈钢层）；
X7 号试样：c—焊缝正面（不锈钢层），d—焊缝背面（碳钢层）；
g36 号试样：e—焊缝正面（不锈钢层），f—焊缝背面（碳钢层）；
g40 号试样：g—焊缝正面（不锈钢层），h—焊缝背面（碳钢层）；
g50 号试样：i—焊缝正面（不锈钢层），j—焊缝背面（碳钢层）

参照 DL5017《水电水利工程压力钢管制造安装及验收规范》，按 6mm（1.5+4.5）；3mm（0.5+2.5）计算。6mm：R_m 要求值为 408~530MPa；3mm：R_m 要求值为 395~530MPa。本批焊接试样在强度性能上完全能满足此值。

由图 7-5 可见，焊接背面成型良好，焊缝填充基本饱满，说明本批试样手工电弧焊打底焊接及氩弧焊焊接的工艺参数能满足单面焊接双面成型要求。

各焊接试样焊缝截面宏观金相如图 7-6 所示，图 7-6 中各焊缝内部未见明显的未焊合、气孔、夹渣等宏观缺陷，同时从焊缝截面的宏观图像看，部分试样存在不同程度的焊偏、错边等缺陷。图 7-7 所示为焊缝内部组织。

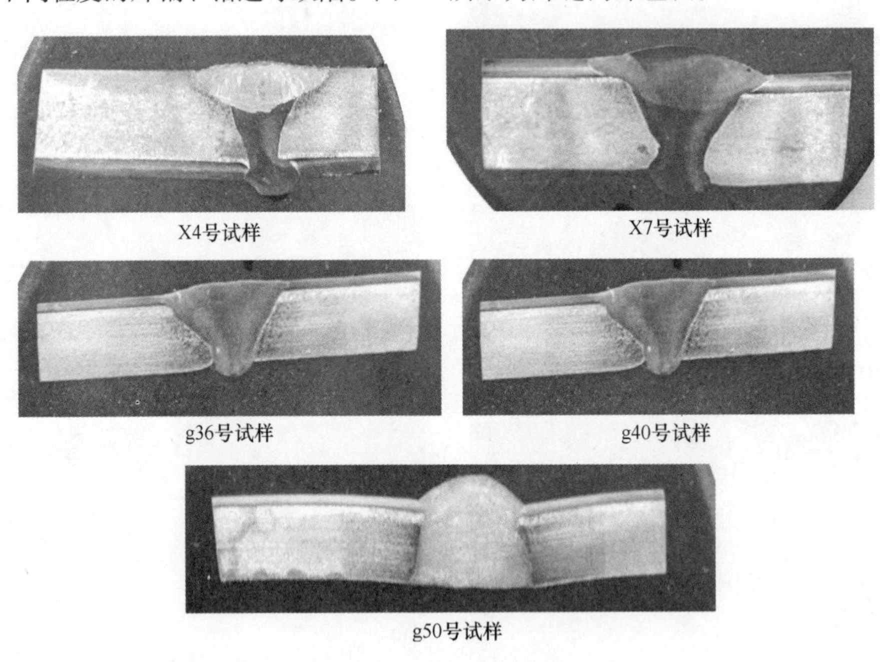

图 7-6　各试样焊缝宏观金相图

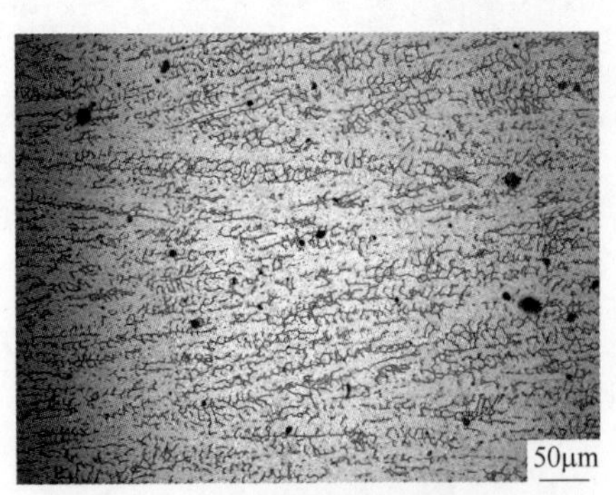

X4 号试样焊缝内部组织

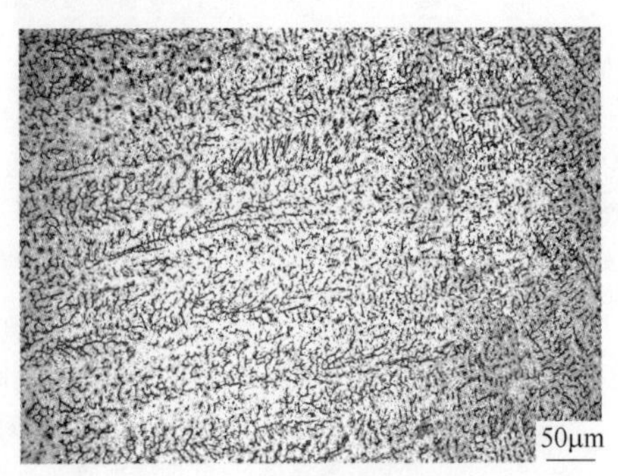

X7 号试样焊缝内部组织

图 7-7　各试样焊缝内部组织

此后，继续对规格为3.0mm热轧不锈钢复合板采用熔化极惰性气体保护焊开展了对接拼焊研究。仍采用单面焊接双面成型的形式，焊丝为大西洋牌的规格为ϕ1.0mm的CHM-309。

焊机型号：NB-500（成都熊谷电器工业有限公司）辅助的保护气体为昆钢集团公司生产的焊接用CO_2。焊接小车为CG_1-30改进型，送丝设备型号为：SB-10-500。再将样品特制焊接卡具，经过对中后焊接。焊接时不锈钢面朝上，焊接试验参数见表7-3，对焊拼接试板的宏观形貌列于表7-4中。

表7-3 焊接试验参数

序号	焊缝间隙/mm	焊接电压/V	焊接电流/A	焊后编号
1	1.0	24	105	M1
2	1.0	27	112	M2
3	1.0	27.5	110	M3
4	1.6	28	127~130	M4
5	1.6	27	103~110	M5
6	1.5	27.5	114	M6
7	1.5	28	116~118	M7

表7-4 焊缝的宏观形貌特征

编号	正面形貌	背面形貌
M1	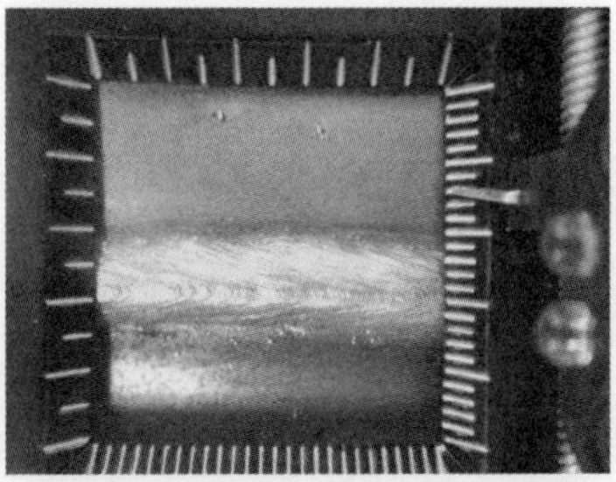	
M2		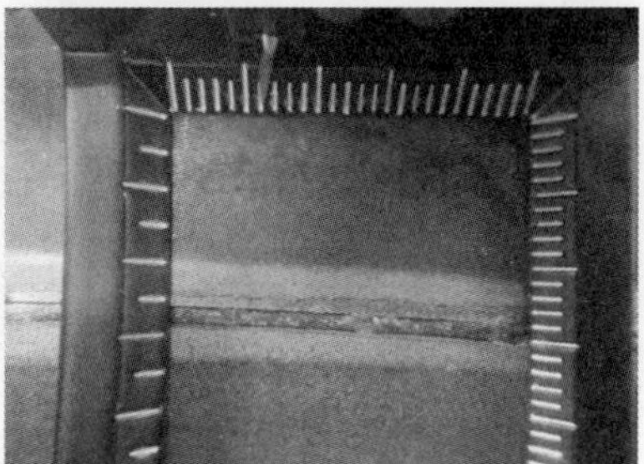

续表 7-4

编号	正面形貌	背面形貌
M3		
M4		
M5		
M6		

续表 7-4

编号	正面形貌	背面形貌
M7	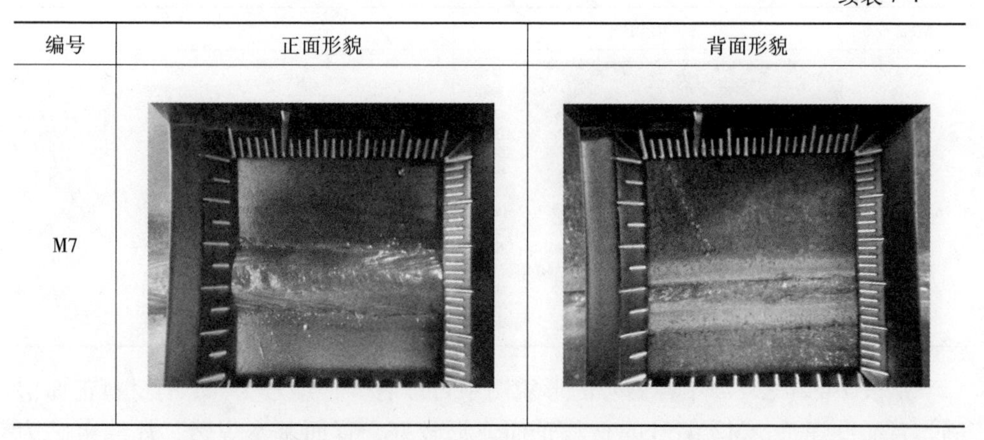	

焊缝成形性较好的 M2、M3、M6 和 M7 的样品进行分析与测量，测试结果见表 7-5。

表 7-5 焊缝余高及宽度参数测量结果

试验编号	测量形貌图	评 价
M2		焊缝内无明显的夹渣等宏观焊接缺陷
M3		焊缝内无明显的夹渣等宏观焊接缺陷
M6		焊缝内无明显的夹渣等宏观焊接缺陷

续表 7-5

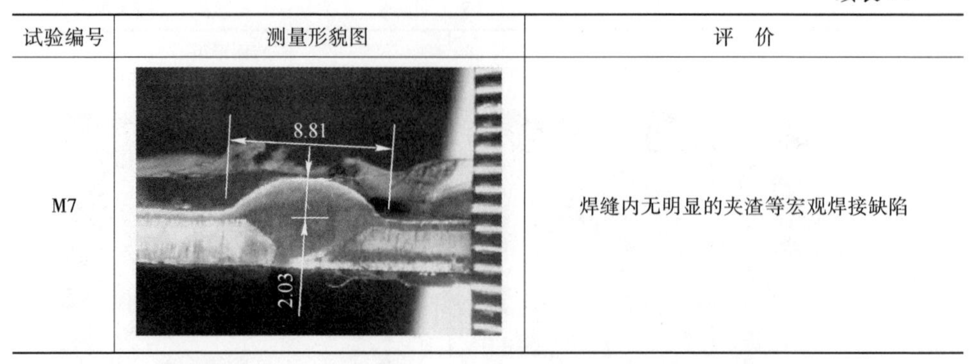

试验编号	测量形貌图	评 价
M7		焊缝内无明显的夹渣等宏观焊接缺陷

从表 7-4 和表 7-5 中各编号的形貌图中可以看到，编号为 M1 的材料正面饱满，背面没焊透；M2 编号的材料正面成形较好，背面基本焊透，焊缝余高为 1. 8mm，焊缝宽度为 7. 07mm；M3 编号的材料正面成形较好，焊缝余高为 1. 75mm，焊缝宽度为 8. 09mm，总体已焊透，没有发现明显的宏观缺陷；编号为 M4 和 M5 的材料已焊穿或无法填满；编号为 M6 与 M7 的试验材料已经焊透，且成型良好；M6 的焊缝余高为 1. 7mm，焊缝宽度为 6. 9mm；而 M7 的焊缝宽度为 8. 81mm，焊缝余高为 2. 0mm。在焊缝端面中没观察到明显的宏观缺陷。

综合表 7-3~表 7-5 的形貌特征可见，3mm 焊缝间隙在 1. 0~1. 5mm 之间较为合理，焊缝间隙过大，成型性不佳。若需把 ϕ1. 0mm 的焊丝更改为 ϕ0. 8mm 的焊丝，焊缝的预留间隙也随着减小，焊接电流、电压等参数降低，这样不仅减轻了热效应区域对母材的不良影响，焊缝余高也得到有效控制。

编号为 M3 和 M7 的试验材料分别命名为 1 号和 2 号进行力学性能检验及金相分析，检验结果见表 7-6。

表 7-6 试验材料的力学性能检验结果

检验序号	实际编号	抗拉强度/MPa	内外弯曲	备注
1 号	M3	494	合格	断于母材
2 号	M7	469	合格	断于母材

综上所述，在焊缝间隙为 1. 2mm 和 1. 5mm 下焊接，当焊缝成形良好，无明显缺陷时，基本能保证力学性能。

编号为 M3 与 M7 的试验材料金相照片分别见图 7-8 和图 7-9。其中碳钢层的腐蚀液为体积分数为 4%的硝酸酒精，不锈钢层与焊缝的腐蚀液为 10%的重铬酸稀溶液。

从图 7-8a 中可见，焊缝与母材之间的过渡很好，碳钢层的热影响区较大，约为 600μm，碳钢层的热影响区晶粒较为粗大；从图 7-8b 可看出，不锈钢层的热影响区域较小，约为 50μm，焊缝中有一定数量的先共析 δ 铁素体。

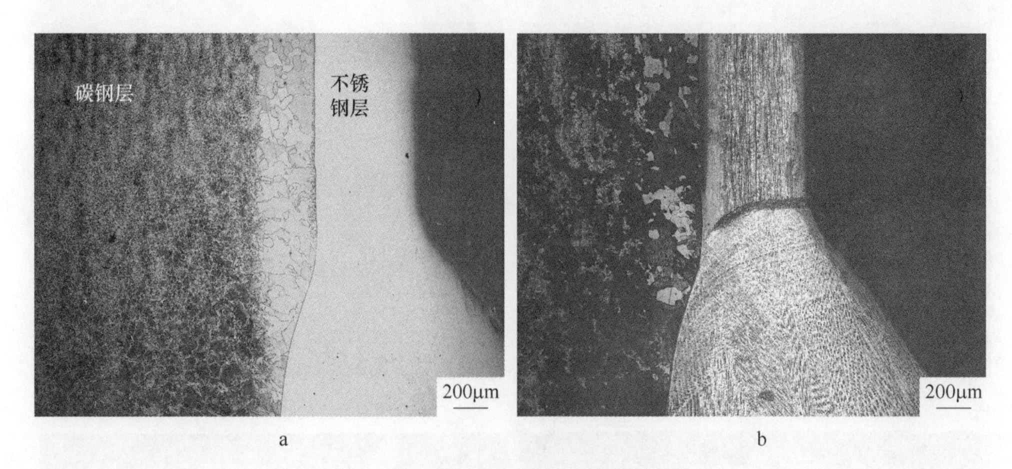

图 7-8 M3 焊缝金相照片

a—焊缝连接区域经硝酸酒精腐蚀的金相照片；b—焊缝连接区域经铬酸腐蚀后的金相照片

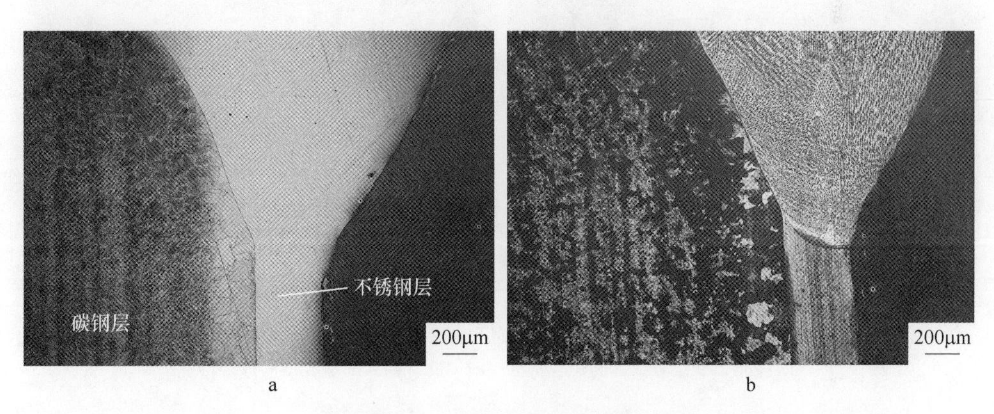

图 7-9 M7 的焊缝金相照片

a—焊缝连接区域经硝酸酒精腐蚀的金相照片；b—焊缝连接区域经铬酸腐蚀后的金相照片

从图 7-9a 可见，焊缝附近碳钢的热影响区较大，不小于 600μm，碳钢层的热影响区较大，而从图 7-9b 可见，不锈钢层的热影响区大约为 50μm，焊缝中同样含有数量较多的先共析铁素体。

将 M2、M3 和 M7 的样板进行 5%中性盐雾试验，试验前先用百洁布及金属去污粉清洗，冲洗后用无水乙醇再清洗并风干，试样经不同时间的盐雾试验后的宏观形貌特征见图 7-10~图 7-12。

原始样品 M2 焊缝的焊趾处有部分无法清理的黑色焊渣，焊缝表面无明显的缺陷；经 1h 盐雾试验后样品焊趾的位置产生少量的锈迹，锈迹沿盐雾液滴流淌的方向分布；24h 盐雾试验在焊趾处锈迹增加，以焊缝为分界焊缝上面的焊趾处锈迹较少，下部锈迹较多；经试验约 48h 后的形貌特征与图 7-11c 中的形貌特征

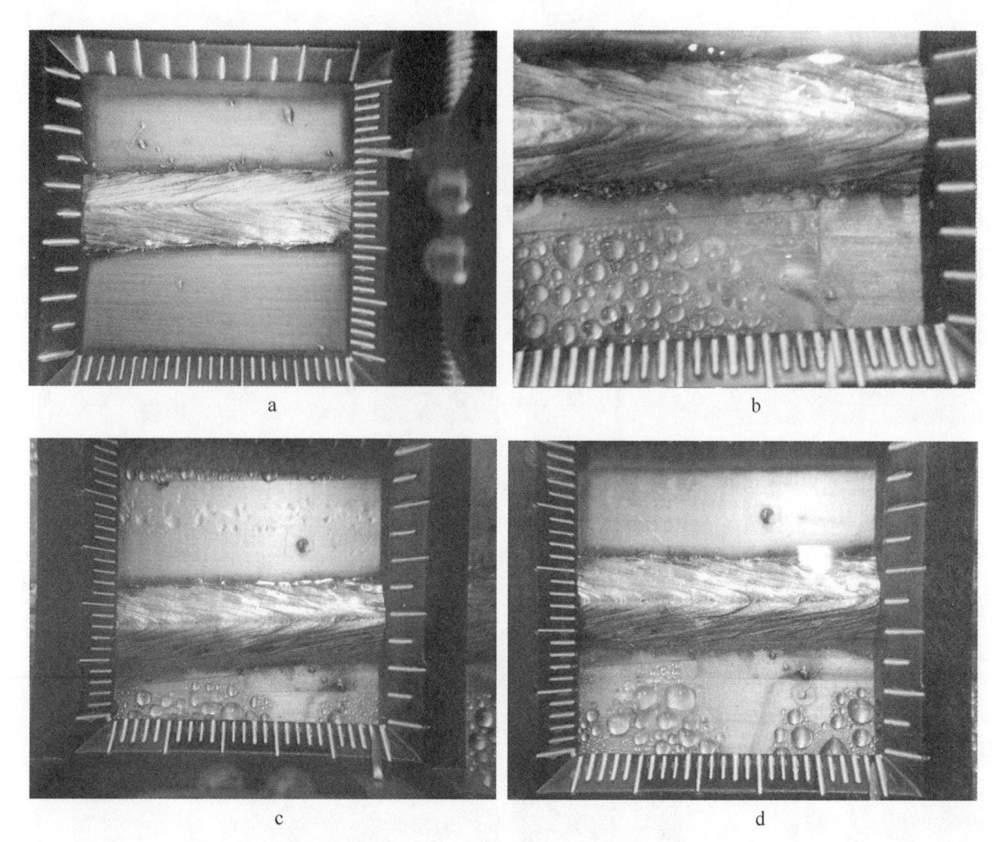

图 7-10　M2 盐雾试验
a—M2 原始样品形貌特征；b—M2 样品 1h 盐雾试验形貌特征；
c—M2 样品 24h 盐雾试验的形貌特征；d—M2 样品 48h 盐雾试验形貌特征

有相同之处，仅锈斑的浓度增加。从图 7-11a~d 的变化过程可见经过约 48h 的盐雾试验，仅在焊趾无法清渣位置产生不同程度的锈迹。

图 7-11a~d 可见，M3 焊缝基本不发生腐蚀，仅在焊趾处有数量较多的锈迹。原始样品 M3 焊趾处存在大量的肉眼可见黑色物质；1h 盐雾试验焊趾位置产生少量的锈迹，锈迹沿盐雾液滴向下流淌。24h 后焊趾位置锈迹增加，以焊缝为分界，焊缝上面的焊趾锈迹较多，而下面的锈迹较少；48h 后的形貌特征与 24h 形貌特征基本一致。

从图 7-12a~d 变化可见，M7 试样焊缝随盐雾时间增加出现轻微的锈迹，焊趾随着盐雾时间增加产生的锈迹有所增加。图 7-12a 中可见，M7 焊趾存在较大量的黑色物质；从图 7-12b 可见，M7 盐雾试验 1h 后焊趾产生少量的锈迹，锈迹沿盐雾液滴向下流淌的方向分布；从图 7-12c 中可见，M7 试样经盐雾 24h 后焊趾的位置产生的锈迹增加，以焊缝为分界，焊缝上面的焊趾锈迹较少，而下面的

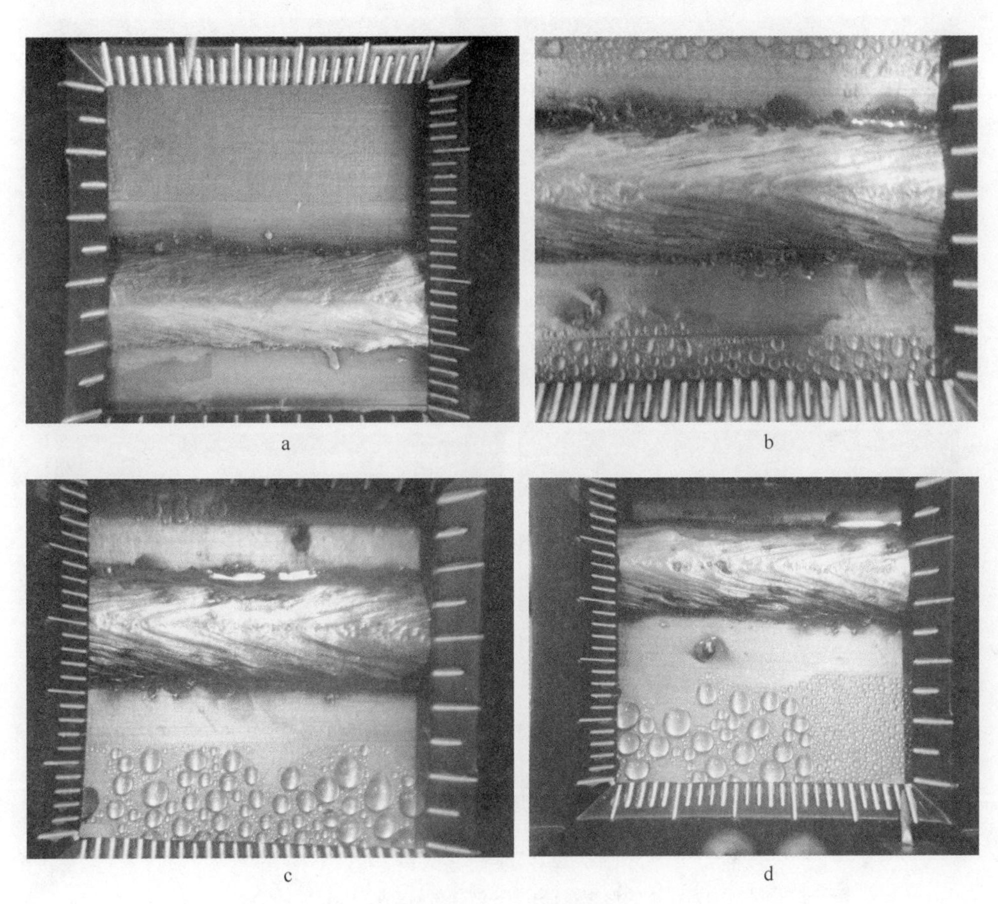

图 7-11 M3 盐雾试验

a—M3 原始样品形貌特征；b—M3 样品 1h 盐雾试验形貌特征；
c—M3 样品 24h 盐雾试验的形貌特征；d—M3 样品 48h 盐雾试验形貌特征

锈迹较多，此时焊缝处可见轻微的锈斑；图 7-12d 中 M7 试样盐雾试验 48h 后的形貌特征与图 7-12c 中的形貌特征基本相同，而焊缝处产生数量较多的锈斑。

通过以上不锈钢复合材料对复合板焊接试样的力学、宏观、微观及盐雾腐蚀等试验结果分析显示，焊接试样强度均能达到 DL5017 等标准的相关规定要求；焊接工艺能满足单面焊接双面成型的要求；盐雾腐蚀试样显示，焊缝的耐腐蚀性能满足一般环境条件的使用；因此，综合考虑焊缝力学及耐腐蚀性能，对中薄不锈钢复合板的焊接，应尽量选取同种焊材进行焊接，由于较小线能量的工艺对焊缝的耐腐蚀性有较好的效果，焊接工艺参数应该在保证焊缝成型的基础上，尽量降低焊缝热输入，采用小线能量快速焊接是复合板焊接工艺调整优化的方向。

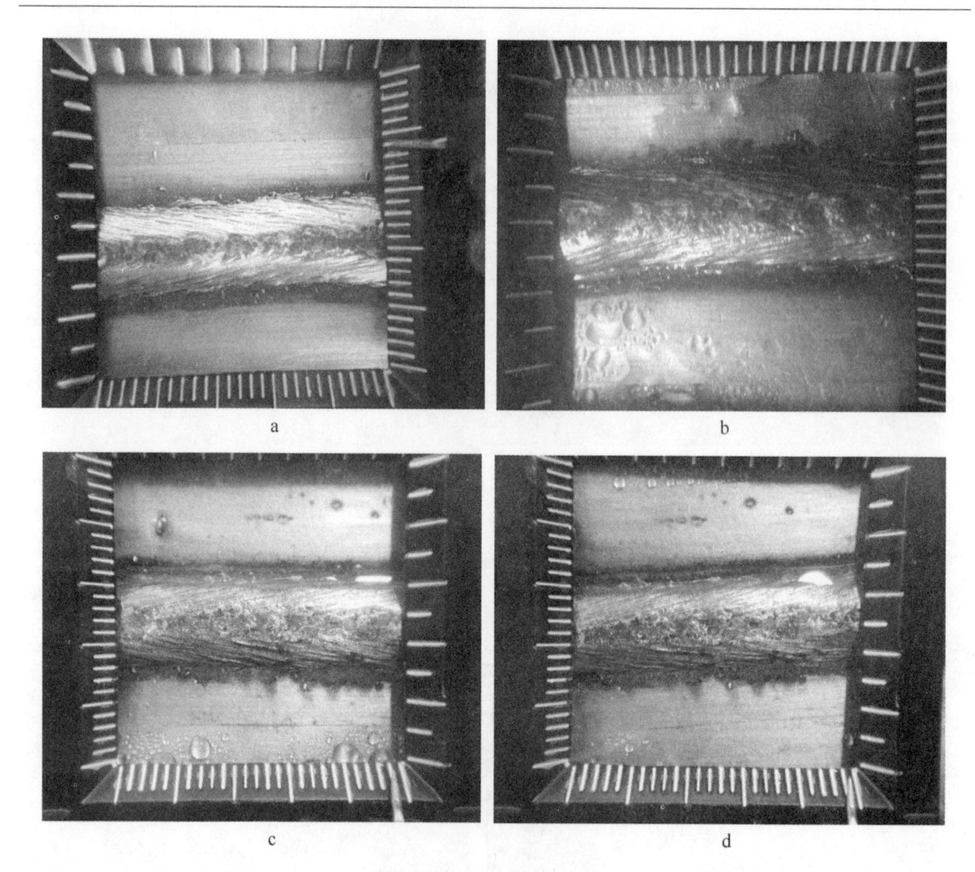

图 7-12　M7 盐雾试验

a—试验材料初始状态的形貌特征；b—试验材料经过 1h 试验的形貌特征；
c—试验材料经过约 24h 试验的形貌特征；d—试验材料经过约 48h 试验的形貌特征

7.3　昆钢螺旋缝埋弧焊不锈钢复合钢管的研制

螺旋缝埋弧焊钢管生产开卷设备所用钢卷为卧卷，为上料方便，设有翻卷设备，可以将立卷通过翻卷机构将钢卷翻成卧卷，并将翻好的钢卷吊入开卷机。开卷机将钢卷夹紧并提起对中，铲头接触钢卷后启动托辊电机使钢卷旋转，打开钢卷带头，由开卷机把钢带头沿铲头托轮引入五辊矫平机。矫平后将钢带矫直并送入剪切对焊机。剪切对焊机将带头、带尾切齐对焊钢带，目的使钢带能连续进入递送机、成型器。钢带头尾对接后进入圆盘剪边机切边后，进入递送机，向前经过预弯导板将带边作微量弯曲，以利于成型。钢带通过导板进入成型机经各组成型辊使钢板强制成型卷成钢管，再由内焊装置将内焊缝焊好，经扶正器上的外焊装置将外焊缝焊好（其上配备有内、外焊缝自动跟踪系统，焊剂供给、回收装置）。钢管达到规定的定尺后由钢管飞切机将钢管切断。切断的钢管经后桥拨管器将钢管拨到台架上。启动输送辊道，钢管输送至补焊台架。发现需补焊的钢管，则送入修补后平头台架。补焊区与平头区之间设有一过渡台架作为缓冲区域用于钢管的临时存放。平头后的钢管进入静水压试验区进行钢管静水压试验，试验不合格的钢管返回补焊台架进行补焊，补焊完后再次进行X光检查和静水压试验至合格。水压实验合格后的钢管经输送辊道进入标识喷涂区进行喷涂标识。具体的流程图见图7-13。

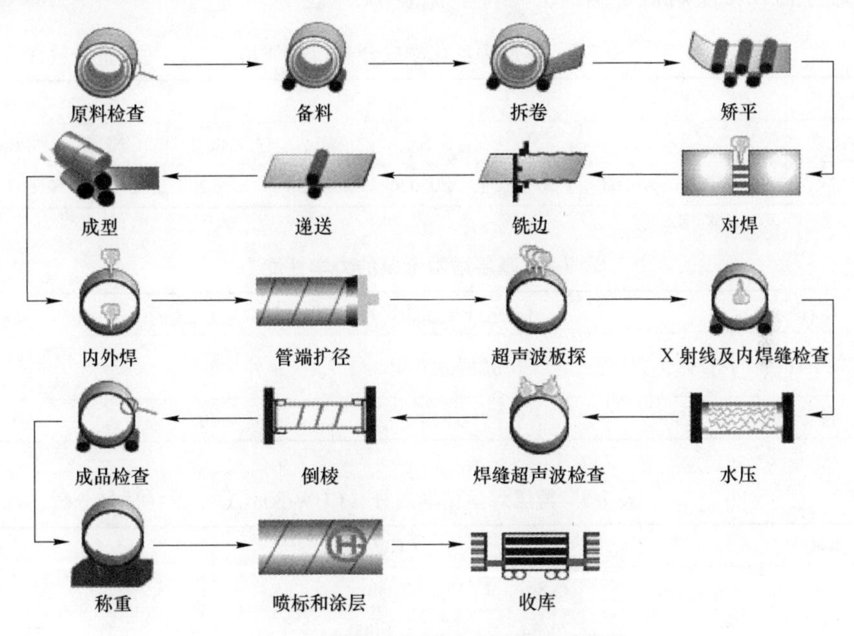

图7-13 螺旋缝埋弧焊不锈钢复合钢管

7.4 螺旋缝埋弧焊不锈钢复合钢管成型焊接要求

螺旋缝埋弧焊不锈钢复合钢管，需要采用内焊装置将内焊缝焊好，经扶正器上的外焊装置将外焊缝焊接。由于不锈钢复合材料覆层比例为10%~25%之间，要保证覆层焊缝耐腐蚀性，对螺旋缝埋弧焊钢管焊缝及热影响区性能要求较高。必须防止不锈钢覆层在焊接时受到重复加热析出碳化物，从而使耐腐蚀性和力学性能降低。因此对覆层材料焊接材料进行合理选择。选择原则是应保证熔敷金属的合金元素的含量不低于覆层材料标准规定的下限值，并与母材主要合金元素Cr、Ni相近含量的超低碳材料。

7.4.1 焊缝及热影响区的性能要求

为满足螺旋缝埋弧焊不锈钢复合钢管的使用要求，国标GB/T 17854—1999《埋弧焊用不锈钢焊丝和焊剂》、国标GB/T 5293—1999《埋弧焊用碳钢焊丝和焊剂》对熔敷金属的力学性能、焊丝及焊剂的化学成分和焊缝的力学性能等提出了明确要求。结合不锈钢复合材料基层材料Q235、覆层材料SUS304的化学成分，以及不锈钢复合材料的力学性能，与四川大西洋焊接材料股份有限公司充分的技术交流，对焊丝、焊剂进行对比研究、分析，螺旋缝埋弧焊不锈钢复合钢管基层采用CHF411（焊剂）1+CHW-S1（焊丝），覆层材料采用CH711（焊剂）+CHW-308L（焊丝）进行复合钢管的焊接。基层焊丝和覆层焊丝的化学成分及基层熔敷金属和覆层熔敷金属的力学性能见表7-7~表7-10。

表7-7　基层焊丝化学成分（CHW-S1）　　（质量分数,%）

焊丝型号	CHW-S1							
化学元素	C	Si	Mn	S	P	Cr	Ni	Cu
标　准	≤0.10	≤0.03	0.30~0.55	≤0.030	≤0.030	≤0.20	≤0.30	≤0.20

表7-8　基层熔敷金属的力学性能

焊丝+焊剂	CHF411（焊剂）1+CHW-S1（焊丝）			
力学性能项目	抗拉强度/MPa	屈服强度/MPa	伸长率/%	-20℃冲击功 CVN/J
标　准	540	≥330	≥40	≥27

表7-9　覆层焊丝化学成分（CHW-308L）　　（质量分数,%）

焊丝型号	CHW-308L				
化学元素	C	Si	Mn	Cr	Ni
标　准	0.024	0.34	1.82	19.76	9.83

表7-10　覆层熔敷金属的力学性能

焊丝+焊剂	CHW308L（焊丝）+CHF711（焊剂）	
力学性能项目	抗拉强度/MPa	伸长率/%
标　准	540	40

7.4.2　焊缝外观质量要求

焊缝外观一般是指焊缝的横截面，如图7-14所示，它的外观几何形状参数主要有焊缝余高A、C，焊缝熔宽B，焊缝熔深H，焊缝侧面角θ，内外焊重合量D以及板厚t等。

《普通流体输送管道用螺旋缝埋弧焊钢管》（SY/T 5037—1992）规定：钢管壁厚小于12.5mm，焊缝余高不大于3.2mm，壁厚大于12.5mm，焊缝余高不大于4.8mm；壁厚不大于12.5mm，错边（钢带两对边的径向错位）不得超过0.35T（T为复合板总厚度），且最大不得超过3.0mm。对标称壁厚大于12.5mm的钢管，错边不得超过0.25T；焊缝咬边不大于0.6mm，焊缝不得有裂纹、断

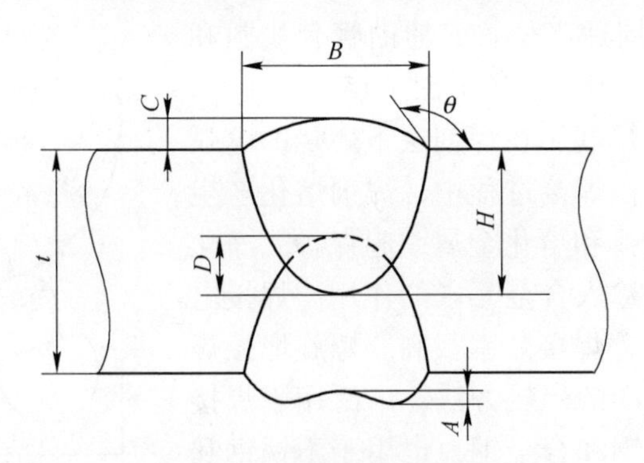

图 7-14 焊缝形貌及参数

弧、烧穿和弧坑等缺陷。焊缝外形应均匀规整，过渡平缓，为满足防腐要求，通常将平滑过渡理解为过渡角大于120°。

7.4.3 螺旋缝埋弧焊钢管的成型焊接特征

（1）螺旋埋弧焊管生产中成型和焊接是同步进行的，因此焊接质量的好坏与成型的稳定性密不可分。焊缝中常出现的缺陷如偏流、错边、烧穿、咬边甚至气孔、夹渣等都与成型的稳定性有关。

（2）螺旋埋弧焊与其他埋弧焊不同的是内外焊都在斜坡上完成，且内外焊都是下坡焊。

（3）螺旋埋弧焊采用双丝焊，熔池热量大，高温停留时间长，这样就促使焊接熔池的冶金反应更加充分。一方面伴随冶金反应产生的 H_2 和 CO 等有害气体有充分的逸出时间，使焊缝结晶过程中残存的气体大为减少，降低焊缝中产生气孔的敏感性，同时有利于熔渣的浮出，使非金属夹杂物大量减少，脱渣容易，焊缝外形光滑美观。另一方面，由于两个电弧集中加热，熔化金属量多，使焊缝熔深增加，熔宽加宽，可提高焊接速度与质量。

（4）上卷成型钢管时，可以在咬合点焊接，成型器短，各种外径的钢管下表面位置不变，所以支撑辊、输出辊道等附属设备较简单，易制造，易调整，但外焊头的高度要随着焊管外径的变化而升降。上卷时，内焊头的设备也简单，可以较容易退出内焊头更换导电嘴，且不用在管子上割洞，既节约管材，又节省时间。当在咬合点焊接时，由于带材月形弯及其他改变成型的几何条件等因素影响到咬合点成型缝变化时，就应当使用焊缝间隙自动控制的先进技术，才能保证焊接质量。另外又容易清除内外压辊处的氧化铁皮，又容易更换备件，所以多采用上卷成型。

（5）全辊套成型器的成型原理。钢带以一定的角度进入成型器，利用三辊弯板的原理，使钢带弯曲到一定的曲率发生塑性变形而成管套，其余辅助成型辊

（抱辊）布置在圆周适当位置，辅助管套成圆和确保管套的同心度，其示意图见图 7-15。

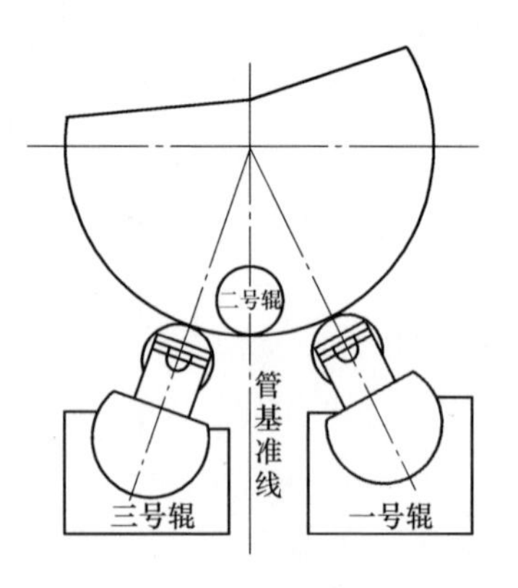

图 7-15　三辊弯板原理

（6）螺旋埋弧焊利用在焊剂层下燃烧的电弧进行焊接的方法。在焊接过程中，焊剂熔化产生的液态熔渣覆盖电弧和熔化金属，起保护、净化熔池、稳定电弧和渗入合金元素的作用。焊接电流可达 600～2000A，焊接效率很高。螺旋埋弧焊是一种适于大量生产的焊接方法，广泛用于焊接各种碳钢、低合金钢和合金钢，也用于不锈钢和镍合金的焊接和表面堆焊。为了提高焊接效率和扩大使用范围，埋弧焊的电极可采用双丝、三丝、带极（用于堆焊），还可在焊剂中添加金属粉等。焊剂层下的电弧与焊件接口的对正和调整，可用工业电视观察或用激光跟踪等方法探测。螺旋埋弧焊的焊接效率高，焊缝光洁，无飞溅，少烟尘，无电弧闪光，劳动卫生条件好，设备成本较低。缺点是限于平焊和长焊缝。与气体保护电弧焊相比，埋弧焊电弧不可见，接头装配要求较高，应用灵活性也较差。

7.4.4　螺旋埋弧焊焊管成型焊接工艺参数对焊缝性能和焊缝质量的影响

7.4.4.1　坡口尺寸对焊缝外观的影响

增大坡口深度或宽度时，熔深略增，缝宽略减，焊缝余高和熔合比明显减小，破口与焊缝的关系见图 7-16。因此，改变坡口尺寸是调整焊缝金属成分和控制焊缝余高的最好途径。当其他条件不变时，增加坡口深度和宽度时，焊缝厚度和宽度略有增加，而余高显著减小。

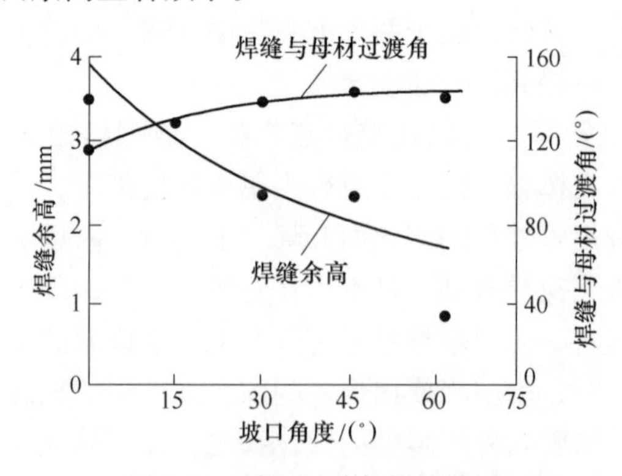

图 7-16　坡口尺寸与焊缝关系

除坡口深度和钝边量控制外，要获得良好的焊缝外观，坡口角度也很重要。

在埋弧焊接过程中，焊缝金属主要由母材和焊丝熔化堆积而成，所以为了降低焊缝高度，改善焊缝和钢管表面的过渡角，坡口角度的确定应考虑焊丝的熔化速度（受焊接电流影响），它们之间的关系见式（7-1）。

$$S = \sum(\pi v_1 R^2)/v - S_1 \tag{7-1}$$

式中　S——坡口横截面积；

v_1——送丝速度；

R——焊丝半径；

v——焊接速度；

S_1——焊缝余高横截面积。

研究发现，坡口横截面积 S 与焊缝余高横截面积 S_1 之比在（4~6）∶10 时，焊缝外观相关参数最佳。

7.4.4.2　焊接工艺参数对焊缝外观的影响

（1）焊接电流：根据螺旋焊管的生产特点，通常内焊使用较小的焊接电流，而外焊使用较大的焊接电流。但是，在较大焊接电流条件下，熔池的搅拌作用加剧，且焊丝的熔化量也相应增多，得到的焊缝余高增高，焊缝成型恶化，边缘过渡较差。

（2）焊接电压：由于焊接电弧呈圆锥形状，而焊接电压的大小直接影响到电弧的长短。因此，随着焊接电压的增加，电弧长度增加，电弧斑点的移动范围扩大，熔池变宽，会得到较宽的焊缝成型。如果在水平位置进行焊接，仅会使焊缝的宽度发生变化，而不会影响焊缝的边缘过渡。但螺旋焊管的外焊是在斜坡上进行焊接，熔融状态的焊缝金属在重力作用下会发生侧向流淌。

由此可知，焊接电压越大，熔池越宽，焊缝金属发生侧向流淌的趋势就越严重，最终导致焊缝金属偏流。

7.4.4.3　焊剂对焊缝外观的影响

在埋弧自动焊的工艺条件下，要获得理想的焊缝成型，所使用的焊剂必须具备良好的工艺性能。焊剂的工艺性能是指焊剂在使用和操作时的性能，它是衡量焊剂好坏的重要指标，主要包括：焊接电弧的稳定性、焊缝成型在各种位置上焊接的适应性、脱渣性等。

如果焊剂的工艺性能较差，外焊脱渣困难，外焊道边缘就会有黏渣现象，焊渣并非呈理想的长条状自动脱落。这说明，熔渣的高温黏度与表面张力均较大。熔渣的黏度与表面张力对焊缝的成型有较大的影响，黏度及表面张力越大，熔渣的流动性越差、脱渣越困难，最终导致焊缝成型恶化，特别是焊缝边缘过渡变差。

从理论上讲，焊剂成分对熔渣的黏度及表面张力有较大影响。熔渣的黏度及表面张力就越小，熔渣的流动性会增强，脱渣就越容易，越容易获得良好的焊缝成型，焊缝边缘过渡越趋于平滑。

7.4.4.4　焊丝形位参数

由于螺旋缝焊管的外焊施焊位置位于斜坡上，熔融状态的焊缝金属在重力作用下会产生侧向流淌（即向成型缝自由边一侧流淌）的现象，容易导致焊缝偏流。此时，焊丝的侧倾角度就显得尤为重要，合理的侧倾角会有效减缓焊缝金属侧向流淌的现象。

7.4.4.5　成型缝

由于螺旋焊管成型方式的特殊性，成型缝会随成型角的大小变化出现不同程度的“翘嘴”现象，成型角越小，“翘嘴”越严重，成型缝的“翘嘴”直接影响外焊缝的外观质量。

7.5　螺旋缝埋弧焊不锈钢复合钢管试制

7.5.1　螺旋焊管平焊试验

为保证螺旋缝埋弧焊不锈钢复合钢管制作成功，焊前，制管公司与昆钢复合材料公司进行了焊接试验及焊接工艺评定。

由于焊接采用的母材-不锈钢复合材料厚度为 4～6mm（覆层厚度为 0.7～1.5mm），结合昆钢的工艺装备特点，通过分析，决定采用不打坡口进行成型焊接。

7.5.2　调型工艺

成型方式：右旋中心定位前摆式；成型角：59.56°(59°33′36″)；内辊角：59.26°(59°15′36″)；外辊角：59.86°(59°51′36″)；螺距：777mm；直径允许偏差：±3.0mm(423～429mm)；周长：1338mm；周长允许偏差：±9.0mm(1329～1347mm)。

7.5.3　成型控制

（1）依照工艺参数摆动前桥，使前桥到达满足工艺要求的地方。

（2）调整圆盘剪，保证带钢在通过圆盘剪后达到满足工艺要求的尺寸。

（3）调整递送机压力，确保平稳递送。

（4）调整导板，有效防止带钢窜动，确保带钢平稳进入成型器。

（5）采用万能角度尺调整 1 号、2 号、3 号辊的角度，并逐一复核各成型辊的角度保证成型。

（6）调整焊垫辊角度，在生产时根据合缝情况适当升高或降低焊垫辊高度。

(7) 调整焊垫辊角度，在生产时根据合缝情况适当升高或降低焊垫辊高度。

(8) 依靠递送机和立辊控制带钢位置有效防止跑偏，并根据现场实际情况调整递送机和立辊。

(9) 由于壁厚较薄，致使在程序过程中依靠摆桥来维持成型的频率增加，根据合缝的间距向左或向右进行摆桥。

7.5.4 焊枪调整

内外焊枪调整：

焊点位置：内焊中心偏后15mm，外焊中心偏前40mm；

焊丝倾角：内焊20°，外焊8°；

焊丝伸长量：内焊20mm，外焊22mm。

7.5.5 焊接控制

焊接参数：

内焊参数：电流：500A，电压：28V；

外焊参数：电流：600A，电压：28V；

焊接速度调整：1.8m/min。

在焊接试验时严格按照工艺要求烘焙的焊剂，在焊缝出现烧穿时稍微降低焊接电流，烧穿过后立即将电流升至工艺要求的数值。

采用焊接检验尺对焊缝进行检查：焊缝余高小于3.0mm，基本都在2.8~3.0mm，低于标准要求不大于3.2mm，焊缝宽度在12~14mm之间；错边量多数都在2.5mm之间，仅有2、3处错边超过3.0mm达到3.5mm；焊缝咬边均为轻微咬边，咬边深度基本控制在0.55mm以下；椭圆度≤4.0mm；直度≤8.0mm。试制的不锈钢复合管除有2、3处错边超过标准要求，其余各数据均在标准要求的范围内。产品外观质量较好。

从所取的双样上大致可以看出焊偏量在1~2mm左右，由于是复合材料，自焊接性能不一致，焊缝各自独立，没有融合。

7.5.6 螺旋缝埋弧焊不锈钢复合钢管检验

检验依据《钢制压力容器焊接工艺评定》（JB 4708—2000）中附录A不锈钢复合钢焊接工艺评定进行检验评估。

7.5.6.1 拉伸试验

对母材及焊缝取样进行了拉伸试验，拉伸试样在试验中断于母材，见图7-17和图7-18，母材、焊缝拉伸试验数据均符合标准技术要求。

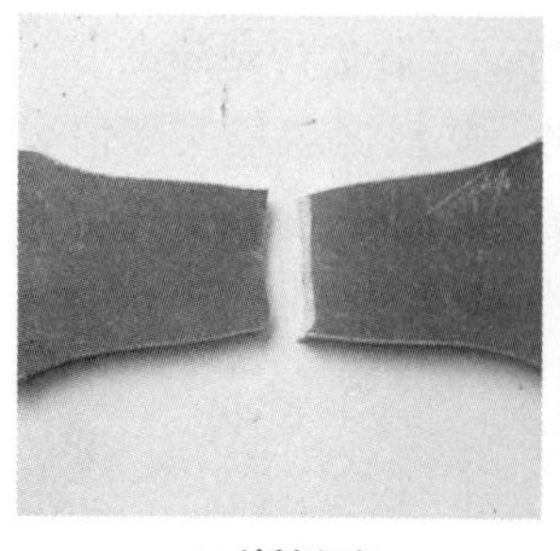

（不锈钢面）

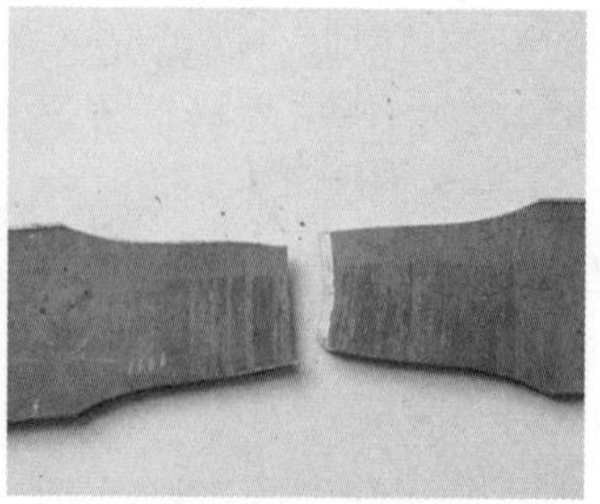

（普碳钢 Q235B 面）

断口

图 7-17　母材试样拉伸试验后断口

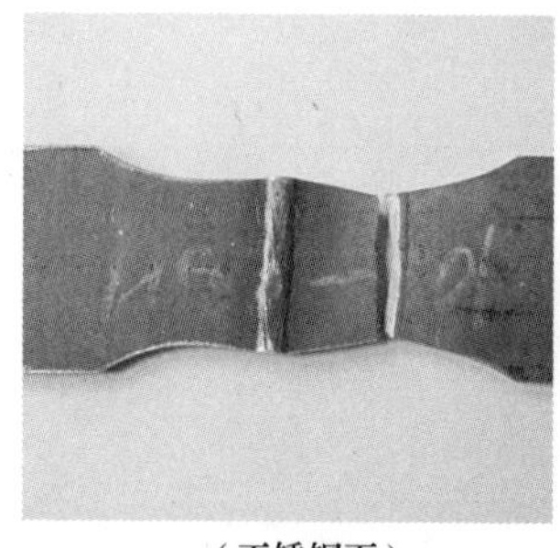

（不锈钢面）

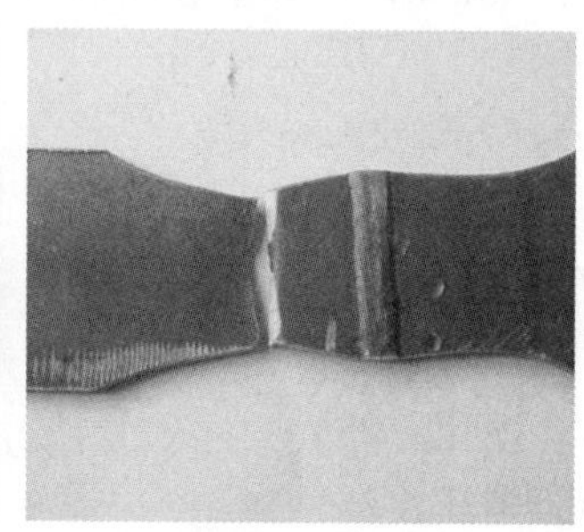

（普碳钢 Q235B 面）

断口

图 7-18　焊缝试样拉伸试验后断口

7.5.6.2　弯曲试验

对母材及焊缝取样进行了导向弯曲（面弯、背弯）试验、侧弯试验，试验结果见图 7-19。

外弯（不锈钢面朝外）

内弯（碳钢面朝外）

图 7-19　母材试样弯曲试验后形貌

不锈钢复合板材螺旋缝埋弧焊钢管的试制，生产工艺是可行的，产品外观质量、在线检验（水压试验、无损检测）均满足流体输送用钢管标准要求。焊缝焊接质量达到使用要求，但仍有优化及改进余地。

此后，项目组与金州管业公司再次按照上述工艺进行了螺旋焊管试验，并将不锈钢螺旋焊管送西安管材所进行了相关检验，金相分析见表 7-11～表 7-13、图 7-20 和图 7-21。

表 7-11 管体金相分析结果

管号	位置	非金属夹杂物	金相组织	晶粒度
5-1120	基层	A0.5，B0.5，D0.5	F+P（图 7-20a）	9.0 级
	覆层	A0.5，B0.5，D0.5	A（图 7-20b）	9.0 级

注：F—铁素体；P—珠光体；A—奥氏体。

表 7-12 焊接接头金相组织分析结果

管号	位置		焊缝	熔合区
5-1120	焊接接头	基层	IAF+B_α+PF+P(图 7-21a)	B_α+PF+P+WF(图 7-21c)
		覆层	M(图 7-21b)	A+F(图 7-21d)

注：IAF—晶内成核针状铁素体；B_α—粒状贝氏体；PF—多边形铁素体；WF—魏氏组织铁素体；M—马氏体。

表 7-13 焊缝尺寸测量 （mm）

管号	试样位置	焊偏	错边	熔深	焊缝余高		焊缝宽度	
					外	内	外	内
5-1120	焊接接头	0.31	0	1.70	1.49	1.07	11.76	10.62

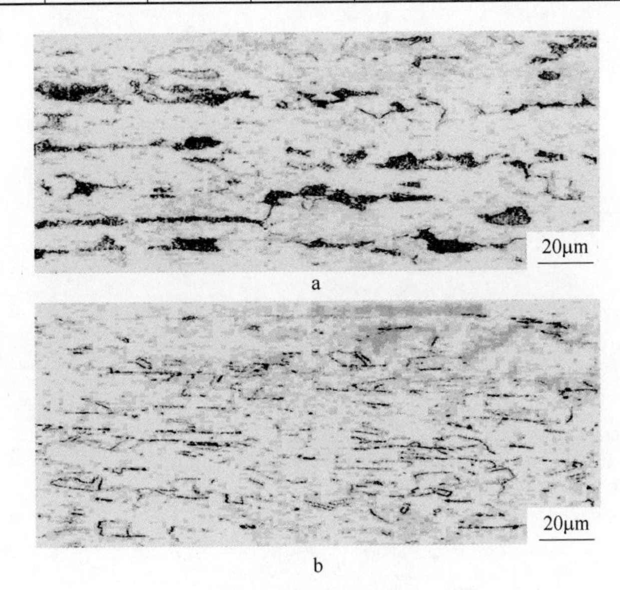

图 7-20 管体组织形貌

a—基层组织形貌；b—覆层组织形貌

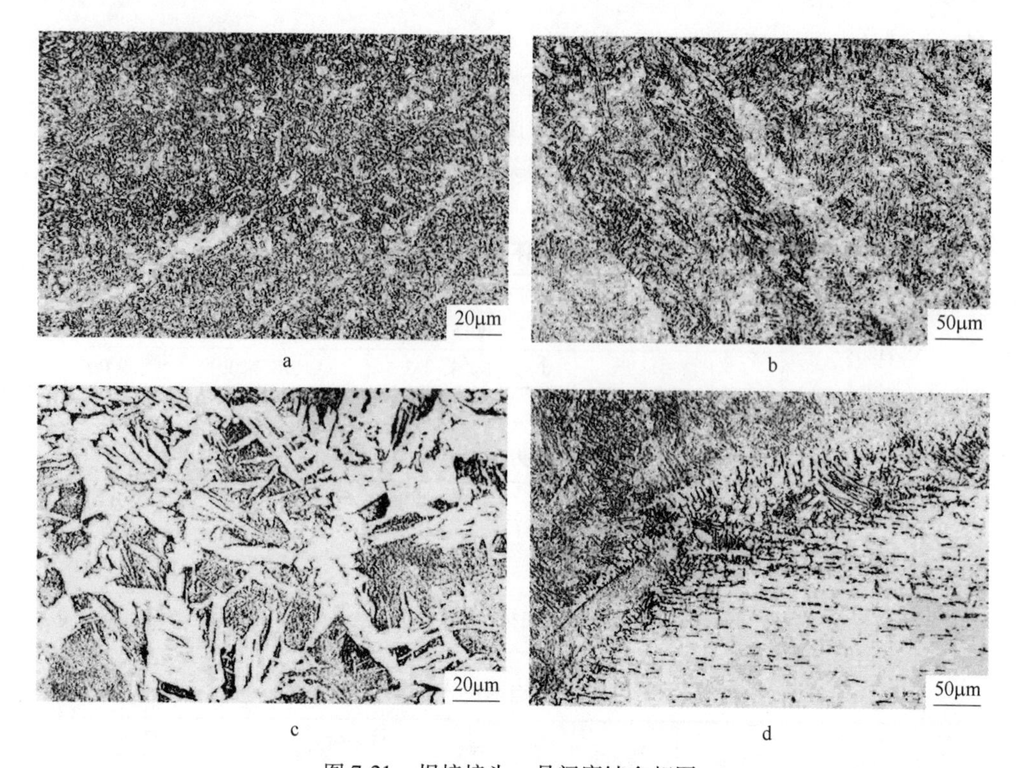

图 7-21　焊接接头、晶间腐蚀金相图

a—基层焊缝组织形貌；b—覆层焊缝组织形貌；c—基层热影响区组织形貌；d—覆层热影响区组织形貌

参考文献

[1] 孙德勤，谢建新，吴春京，等．复合板的成形技术与发展趋势［J］．金属成形工艺，2003，21（2）：19~22.

[2] 郑红霞，李宝宽，昌泽舟．金属复合板生产方法的发展现状［J］．炼钢，2001，17（2）：20~23.

[3] 田雅琴，秦建平，李小红，等．金属复合板的工艺研究现状与发展［J］．材料开发与应用，2006，21（1）：40~43.

[4] 焦少阳，董建新，张麦仓，等．双金属热轧复合的界面结合影响因素及结合机理［J］．材料导报：综述篇，2009，23（1）：59~62.

[5] 福田隆，藤康信．复合钢板的轧制技术［J］．世界钢铁，2005（6）：33~37.

[6] Y. Jing，Y. Qin，X. M. Zang，et al，The bonding properties and interfacial morphologies of clad plate prepared by multiple passes hot rolling in a protective atmosphere［J］. Mater. Process. Technol.，2014，214：1686~1695.

[7] Y. Jing，Y. Qin，X. M. Zang，et al. A novel reduction-bonding process to fabricate stainless steel clad plate［J］. Alloy. Compd.，2014，617：688~698.

[8] 代响林，刘宝玺，马久乐，等．真空热轧法制备不锈钢复合板组织和力学性能［J］．钢铁，2017，52（2）：65~71.

[9] 程挺宇．不锈钢/碳钢热轧复合工艺及性能［J］．上海金属，2009，31（1）：48~51.

[10] 张心金，郭秀斌，孟庆领，等．热轧不锈钢复合板冲击性能研究［J］．武汉科技大学学报，2015，38（38）：169~173.

[11] 王泽鹏，张红梅，付魁军，等．热轧 304L/Q235B 不锈钢复合板界面特征及性能分析［J］．材料热处理学报，2016，37（增刊）：44~49.

[12] 尹志宏，闫力，岳珊，等．热处理制度对奥氏体不锈钢复合板拉伸性能的影响［J］．化学工程与装备，2010（8）：121~123.

[13] 刘会云，何毅，何冰冷，等．热处理对热轧不锈钢复合板组织性能的影响［J］．材料热处理学报，2016，37（7）：106~110.

[14] 杨海波．热处理制度对不锈钢复合板耐蚀性影响分析［J］．热加工工艺，2016，45（4）：240~242，245.

[15] 何小松，李平仓，赵惠，等．热处理对不锈钢复合板晶间腐蚀性能的影响分析［J］．热加工工艺，2015，44（10）：199~200，203.

[16] 田广民，李选明，赵永庆，等．层状金属复合材料加工技术研究现状［J］．中国材料进展，2013，32（11）：696~701.

[17] 祖国胤．层状金属复合材料制备理论与技术［M］．沈阳：东北大学出版社，2013：25~53.

[18] 张胜华．层状金属复合材料的研究现状［J］．铝加工高新技术文集，2003，13（4）：423~436.

[19] 朱旭霞，彭大暑，黎祚坚．不锈钢/铝(合金)/不锈钢多层复合板的冲压成型性能［J］．中国有色金属学报，2003，13（4）：914~917.

[20] 尹志宏，闫力，岳珊，等．热处理制度对奥氏体不锈钢复合板的拉伸性能［J］．化学工程与设备，2010（8）：121~123.

[21] 冉旭，何进，包晓军，等．16Mn/Zn 复合材料界面组织结构与拉伸变形行为［J］．材料热处理学报，2009，30（3）：5~8.

[22] 关锦清，文潮，刘晓新，等．不锈钢复合板与 16MnR 钢冲击拉伸力学特性研究［J］．兵器材料科学与工程，2010，33（1）：19~23.

[23] 熊铃华，王璠．横向载荷下复合材料层合板疲劳分析［J］．材料科学与工程学报，2011，29（3）：358~361.

[24] 戴耀，刘海现．用能量法确定层状复合材料疲劳裂纹的扩展方向［J］．装甲兵工程学院学报，2000，14（2）：1~5.

[25] 鲁汉民，段文森，裴大荣，等．钛钢爆炸复合板抗剪切疲劳特性及断裂机制研究［J］．稀有金属材料与工程，1989（2）：19~22.

[26] 王立新．冷轧不锈钢碳钢复合板弯曲裂纹的分析［J］．特殊钢，2005，20（4）：42~43.

[27] 庞玉华，张郑，吴成，等．轧制 304/Q235 复合板工艺研究［J］．重型机械，2004（4）：27~30.

[28] 李珊珊，郑秀华，谭成文．Al/Mg 层状复合材料动态压缩行为及影响因素［J］．特种铸造及有色合金，2007，27（11）：880~882.

[29] 魏悦广，杨卫．单向纤维增强复合材料的压缩弹塑性微屈曲［J］．航空学报，1992，13（7）：388~393.

[30] 沈真，陈普会，刘俊石，等．含缺陷复合材料层压板的压缩破坏机理［J］．航空学报，1991，12（3）：105~113.

[31] S. Nambu，M. Michiuchi，J. Inoue，et al. Effect of interfacial bonding strength on tensile ductility of multilayered steel composites［J］. Composites Science and Technology，2009，69：1936~1941.

[32] 刘平，万青．复合材料等效弹性模量预测方法的改进［J］．扬州大学学报，2007，10（1）：21~23.

[33] 朱祎国．层状复合材料的弹塑性模型［J］．计算力学学报，2011，28（2）：260~263.

[34] 李献民，崔建忠，胡宗式，等．金属层状复合材料的超塑变形行为［J］．材料导报，2000，14（8）：64~65.

[35] 叶丽燕，李细峰，陈军．不同拉伸速率对 SUS304 不锈钢室温拉伸力学性能的影响［J］．塑性工程学报，2013，20（2）：89~93.

[36] 周俊杰，庞玉华，苏晓莉，等．异种金属层状复合材料金相试样的制备技术［J］．理化检验—物理分册，2005，41（10）：501~504.

[37] B. C. 柯瓦连科．金相试剂手册［M］．北京：冶金工业出版社，1973：19~20.

[38] 李龙，张心金，祝志超，等．真空热轧不锈钢复合板界面结合行为的研究［J］．材料与冶金学报，2014，13（1）：46~50.

[39] 缪建红，丁锦坤．金属拉伸试样断口分析方法［J］．物理测试，2003（3）：35~40.

[40] 杨建国，陈双建，黄楠，等．304 不锈钢形变诱导马氏体相变的影响因素分析［J］．焊接学报，2012，33（12）：89~92.

[41] 田广民，李选明，赵永庆，等．层状金属复合材料加工技术研究现状［J］．中国材料进展，2013，32（11）：696~701.
[42] 祖国胤．钎焊—热轧复合工艺制备不锈钢/碳钢复合板［J］．焊接学报，2007，28（5）：25~29.
[43] 孙德勤．铜包铝复合线材制造技术的发展现状与前景［J］．电线电缆，2003，16（3）：3~6.
[44] 钟毅．新型双材料成形方法——双轮 conform 连续挤压复合技术［J］．昆明理工大学学报，1997，22（1）：117~119.
[45] 田德旺．双金属复合材料冷轧变形行为及结合强度的研究［D］．武汉：武汉科技大学，2006.
[46] 傅定发，宁洪龙，陈振华．喷射沉积技术与双金属材料的制备［J］．兵器材料科学与工程，2001，24（1）：65~67.
[47] 游航．M42/45 钢双金属复合材料的制备及其连接机理研究［D］．上海：华东理工大学，2012.
[48] 张文毓．堆焊技术的研究与应用进展［J］．现代焊接，2014，21（12）.
[49] 张新子．感应熔涂新工艺研究［J］．特种铸造及有色合金，2008，28（4）：265~267.
[50] 逯允龙．感应熔涂工艺的研究［J］．哈尔滨理工大学学报，2003，8（1）：83~84.
[51] 汪黎．双金属复合材料研究现状及进展［D］．重庆：重庆大学，2014.
[52] 吴连生．断口分析及其在失效分析中的应用［J］．理化检验—物理分册，1994，30（5）：26~39.
[53] 刘鸿文．材料力学 I［M］．北京：高等教育出版社，2010：19~25.
[54] Inoue J，Nambu S，Ishimoto Y，et al. Fracture elongation of brittle/ductile multilayered steel composites with a strong interface［J］. Scripta Materialia，2008，59（10）：1055~1058.
[55] 丁科．有限单元法［M］．北京：北京大学出版社，2006：1~5.
[56] 曾俊杰．Q235/06Cr19Ni10 层状复合材料在室温单向载荷下的变形协调性研究［D］．2015.

后　记

本书的出版得到瓯锟科技温州有限公司的大力支持，瓯锟科技以冷轧宽幅层状复合技术著称，主要研发和生产各类铜、钢、铝、钛、镍、钼、不锈钢等金属层状复合材料，代表了高效、优质、低成本的发展方向。

不锈钢层状复合技术具有广阔的市场前景，是一种利国利民、造福后代的优秀产品，作为一个负责任的当代人应该大力研究、不断推广该产品。当然，目前还存在一些问题亟待解决，例如：如何提高复合的效率和成材率、如何提高结合性能、如何进行高效的热处理和表面处理以及特有的应用技术开发。这些问题需要各位同仁齐心协力共同去解决，一起把层状复合材料的市场做大做强。

让我们一起努力为我们国家的青山绿水做出我们的贡献。

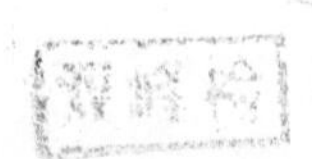